Jürgen Waidmann

Das Universum

Jürgen Waidmann

Das Universum

Wie ist es entstanden?

Tectum Verlag

Jürgen Waidmann

Das Universum.
Wie ist es entstanden?

ISBN: 978-3-8288-2318-1

Umschlagabbildung: Hubble Ultra Deep Field
(http://upload.wikimedia.org/wikipedia/commons/2/2f/
Hubble_ultra_deep_field.jpg)

Umschlaggestaltung: Norman Rinkenberger | Tectum Verlag

Besuchen Sie uns im Internet
www.tectum-verlag.de

Bibliografische Informationen der Deutschen Nationalbibliothek
Die Deutsche Nationalbibliothek verzeichnet diese Publikation in der Deutschen Nationalbibliografie; detaillierte bibliografische Angaben sind im Internet über http://dnb.ddb.de abrufbar.

Inhaltsverzeichnis

Vorwort

Die Erde ist ***keine*** Scheibe. Aber aufgrund dieser Erkenntnis wurden die Ureinwohner Amerikas fälschlicherweise als Indios und Indianer bezeichnet.

Die Erde ist auch ***nicht*** der Mittelpunkt des Weltalls, um den sich alles zu drehen hat, obwohl der Mond unseren Planeten sehr wohl umkreist.

Die Sterne sind ***keineswegs*** alle Bestandteile unserer Milchstraße, denn es existieren unzählige andere Galaxien.

Sämtliche Galaxien unseres Materieuniversums sind aus dem Urknall hervorgegangen. Dennoch war dieser Urknall ***keinesfalls*** der erste.

Raum und Zeit sind ***nicht*** mit dem Urknall entstanden, sondern der Weltraum war schon immer vorhanden - und die Zeit stellt ohnehin nur einen relativen Begriff dar.

Die Mathematik benötigt zudem ***keine*** Restriktionen (= Einschränkungen), da beispielsweise die Multiplikation von "null mal unendlich" durchaus existiert.

Eine Zeitreise in die Vergangenheit

Eine Reise in die Vergangenheit ist visuell möglich - theoretisch maximal bis zu dem Zeitpunkt des letzten Urknalls. Was dies genau heißt, wird nun erörtert.

Die Entfernung der Erde von der Sonne beträgt zwischen 147 Millionen und 152 Millionen Kilometer. Deshalb ist es leicht zu verstehen, dass das Licht der Sonne eine gewisse Zeit benötigt, bis es die Erde erreicht. Und weil die Lichtgeschwindigkeit im Vakuum 299.792,458 km/s ausmacht, ergibt sich (bei einer durchschnittlichen Entfernung von 150 Millionen Kilometer zwischen Erde und Sonne) für die Zeitdauer bis zum Eintreffen der (von der Sonne abgegebenen) Strahlen auf der Erde folgende Berechnung:

Weg = Geschwindigkeit · Zeit $\qquad s = v \cdot t$

Zeit = Weg / Geschwindigkeit $\qquad t = s / v$

$$\text{Zeit} = \frac{150 \text{ Mill. km}}{0{,}299\,792\,458 \text{ Mill. km/s}} = 500{,}346\,142\,8 \text{ s} = 8 \text{ min } 20{,}346 \text{ s}$$

Demnach benötigt das von der Sonne abgestrahlte Licht acht Minuten und zwanzig Sekunden, bis es auf der Erde eintrifft. Gleichzeitig bedeutet dies, dass man auf der Erde ausschließlich den Zustand der Sonne sehen kann, wie er vor acht Minuten und zwanzig Sekunden gewesen ist. Wir sehen somit acht Minuten und zwanzig Sekunden in die Vergangenheit. Wollen wir aber das aktuelle Aussehen der Sonne betrachten, müssen wir ungefähr 8 1/3 Minuten darauf warten. Wäre beispielsweise die Sonne vor fünf Minuten explodiert, würden wir aktuell noch immer eine nett strahlende Sonne am Himmel sehen. Erst in 3 1/3 Minuten (bzw. 8 1/3 Minuten nach ihrer Explosion) würden wir von der Katastrophe erfahren.

Somit ist auch einleuchtend, dass die Sterne am Nachthimmel (Galaxien und andere Sonnen) uns nicht ihr aktuelles Licht zusenden, sondern ein längst vergangenes. Eine Galaxie, die vier Milliarden Lichtjahre entfernt wäre, würde uns ihren Zustand mitteilen, wie er vor vier Milliarden Jahren war. Auf diese Weise erlaubt uns das Universum, Einblick in die Vergangenheit zu nehmen - eine visuelle Reise unzählige Jahre vor unserer Zeit.

Andererseits ist nun auch einfach nachzuvollziehen, dass zwei Ereignisse im Weltall, die anscheinend gleichzeitig geschehen sind, nicht wirklich zum selben Zeitpunkt stattgefunden haben. Als Beispiel seien zwei voneinander unabhängige Sonnenexplosionen angeführt. Nehmen wir an, es erreicht uns der Lichtschein einer Sonnenexplosion (= Nova bzw. Supernova) aus einer Entfernung von zwei Millionen Lichtjahren genau in diesen Minuten. Und zufällig erscheint im selben Moment eine weitere Explosion einer Sonne aus einer anderen Region des Weltalls in einer Entfernung von vier Millionen Lichtjahren. Für die Menschen auf der Erde hat es den Anschein, als hätten sich zufällig zwei Supernovae zum selben Zeitpunkt ereignet. Wir wissen aber, dies ist nicht der Fall. Tatsächlich hat sich die erste Sonnenexplosion schon vor zwei Millionen Jahren ereignet, während die zweite Explosion bereits vor vier Millionen Jahren stattgefunden hat. Nicht nur, dass anscheinend aktuelle ferne galaktische oder intergalaktische Geschehnisse in Wirklichkeit aus einer längst vergangenen Zeit stammen, zudem haben sich scheinbar gleichzeitige ferne Ereignisse (wie z. B. zwei Supernovae) in Wahrheit zu gänzlich unterschiedlichen Zeitpunkten zugetragen, wie an einem anderen Ort im Universum simpel zu erkennen gewesen wäre.

Das Licht, welches unsere Sonne soeben abstrahlt, würde beispielsweise in acht Millionen Jahren (im gesamten Umkreis) in einer Entfernung von genau acht Millionen Lichtjahren anzeigen, wie unsere Sonne zum gegenwärtigen Zeitpunkt ausgesehen hat. Man würde somit an einem acht Millionen Lichtjahre entfernten Ort unsere Sonne in dem Zustand sehen, den sie vor genau acht Millionen Jahren gehabt hat.

Ein Lichtjahr entspricht einer Distanz von 9,46 Billionen Kilometer.

$$299.792{,}458 \text{ km} \cdot 60 \text{ (s)} \cdot 60 \text{ (min)} \cdot 24 \text{ (h)} \cdot 365{,}242\,2 \text{ (d)} =$$
$$= 9.460.528.436.447{,}5 \text{ km}$$

An einem 5 Milliarden Lichtjahre entfernten Ort würde man unsere Sonne 5 Milliarden Jahre in der Vergangenheit beobachten können. An einem theoretisch 500 Trilliarden Lichtjahre entfernten Ort würde man unsere Sonne 500 Trilliarden Jahre in der Vergangenheit sehen können, sofern ein extrem großes Teleskop für solch einen lichtschwachen Punkt zur Verfügung stünde. Das heißt, man könnte das eben von unserer Sonne abgestrahlte Licht an einem x Lichtjahre entfernten Ort in genau x Jahren (mittels eines riesigen Teleskops) visuell wahrnehmen.

Dies bedeutet: Wenn das Universum unendlich groß wäre, könnte man das von unserer Sonne abgestrahlte Licht theoretisch bis in alle Ewigkeit (aber nur) an den dafür entsprechenden (immer weiter entfernten) Orten sehen.

Seit dem letzten Urknall sind allerdings nur etwa 13,7 Milliarden Jahre vergangen. Gleichzeitig bedeutet dies, dass jener (größtmögliche) Lichtschein, der 13,7 Milliarden Lichtjahre vom Zentrum des Urknalls entfernt ist, an jenen entsprechenden Orten nach wie vor wahrgenommen werden kann.

13,7 Milliarden Lichtjahre = 13,7 Milliarden · 9,46 Billionen km =

= 129.609.239.579.330.750.000.000 km

Der Radius des (aktuellen) "Urknalluniversums" beträgt 129,6 Trilliarden Kilometer. Die gesamte Ausdehnung (= Durchmesser) unseres Urknalluniversums entspricht demnach 259,2 Trilliarden Kilometer.

Wäre das Urknalluniversum 20 Milliarden Lichtjahre alt, betrüge die Gesamtausdehnung (des Lichtscheins) 378,4 Trilliarden Kilometer.

2 · 20 Milliarden · 9,46 Billionen = 378.421.137.457.900.000.000.000 km

Dieser sich kugelförmig ausbreitende Lichtschein stellt somit die größte und gleichzeitig immer größer werdende Ausdehnung des (letzten) Urknalluniversums dar und muss wie ein sphärisches Himmelsgewölbe wirken, das an seinen Rändern das Aufleuchten jenes Urknalls eindrucksvoll dokumentiert. Diese kosmische Urstrahlung wird auch kosmische Hintergrundstrahlung oder Drei-Kelvin-Strahlung genannt (genau: 2,73 Kelvin). Es handelt sich hierbei um eine Radiowellen-Strahlung im Zentimeter-

Wellenbereich, die das gesamte Weltall als Relikt ihrer Entstehungsphase erfüllt.

0 Kelvin ist die niedrigstmögliche Temperatur im All und wird als "absoluter Nullpunkt" bezeichnet.

0 Kelvin = -273,15 °Celsius   0 °Celsius = 273,15 Kelvin

Daraus ist zu erkennen, dass die Gradeinteilung der Celsiusskala derjenigen von Kelvin entspricht.

Eine Zeitreise in die Zukunft

Zeitreisen zu realisieren, klingt zwar sehr schön und interessant, und sie wurden auch zur Genüge in zahllosen Filmen und Serien auf Zelluloid verewigt. Trotzdem hatte man mit diesem vereinfacht ausgedrückten Begriff ursprünglich etwas ganz anderes gemeint - genauso wie ein Schwarzes Loch nicht wirklich ein Loch darstellt.

Der zugrunde liegende Gedanke war wohl der Wunsch, zu sehen, wie es in der Zukunft auf der Erde aussieht. Und als eines Tages die ersten Denker erwähnten, dass eine solche Reise (theoretisch) durchaus möglich sei, aber... Von da an gab es für die verrücktesten Ideen (Reise in die Vergangenheit inklusive Tötung eines eigenen Vorfahren, Reise in Paralleluniversen, usw.) kein Halten mehr. Man hatte eine ganz und gar falsche Vorstellung von dem ursprünglich Gemeinten und entwickelte Absurditäten am laufenden Band.

Eine Reise in die Vergangenheit ist nicht möglich - weder in die eigene, noch in eine andere (parallele) Welt. Und die Erklärung für eine Reise in die Zukunft, die zwar grundsätzlich möglich ist, erscheint - nach all der Science Fiction - äußerst ernüchternd. Dennoch beinhaltet auch diese Erläuterung der ursprünglich 'sensationellen' Aussagen eine Menge interessanter Punkte.

Heute wissen wir, dass der Ablauf der Zeit von der Geschwindigkeit abhängt. Das heißt: Je höher die Geschwindigkeit ist, der man ausgesetzt ist, umso langsamer vergeht die Zeit. Allerdings handelt es sich hierbei keineswegs um eine Methode, die den Alterungsprozess verlangsamt. Um dieses Phänomen zu verdeutlichen, ist nun ein aufklärendes Beispiel angebracht:

Stellen Sie sich vor, eine Person wird mit einer Rakete ins Weltall befördert, und Sie beobachten diesen Vorgang mit einem riesigen Fernrohr von der Erde aus. Nehmen wir weiters an, diese Rakete flöge mit extrem hoher Geschwindigkeit durchs All. Und die Geschwindigkeit ist so hoch, dass die Zeit in der Rakete zwölfmal langsamer vergeht als auf der Erde, weil die

Geschwindigkeit - wie oben erwähnt - den Ablauf der Zeit beeinflusst. Dies bedeutet: Während auf der Erde eine Minute verstrichen ist, sind in der Rakete nur fünf Sekunden vergangen. Wenn wir jene Person in der Rakete durch ein Fernrohr beobachten würden (bzw. könnten), sähen wir, wie diese Person jeden Handgriff, jede Bewegung in Superzeitlupe ausführen würde. Wenn wir auf der Erde nach einer Tasse Kaffee greifen, diese zum Mund führen, daran nippen und anschließend wieder absetzen würden, dauert dieser Vorgang etwa fünf Sekunden. Die Person in der Rakete bräuchte für den gleichen Vorgang eine ganze Minute - allerdings nur von der Erde aus gesehen. In der Rakete selbst wären wegen der hohen Eigengeschwindigkeit tatsächlich nur fünf Sekunden vergangen. Der Astronaut wäre demnach nur um fünf Sekunden gealtert, hätte aber auch nur jene fünf Sekunden real erlebt, was jede Uhr in der Rakete bestätigen würde, während auf der Erde bereits eine Minute vergangen ist.

Spinnt man diesen Gedanken weiter, käme man zu folgendem Schluss: Fliegt diese Rakete (von der Erde aus gesehen) ein Jahr lang durchs All, wäre in der Rakete nur ein Monat vergangen. Der Astronaut wäre zwar nur um ein Monat gealtert, hätte aber tatsächlich auch nur ein Monat erlebt. Würde die Rakete (von der Erde aus gesehen) zwölf Jahre durchs All schießen, wäre der Astronaut nur ein Jahr gealtert. Könnte man die Geschwindigkeit weiter erhöhen, wobei der Zeitablauf nochmals um den Faktor zwölf reduziert wird, würde bereits eine Reise von einem Monat in der Rakete genügen, um zwölf Jahre in der Zukunft auf die Erde zurückzukehren. Dass dieser Vorgang einer Zeitreise in die Zukunft gleichkommt, mag nun niemanden mehr überraschen, allerdings haben SF-Schriftsteller und die Filmindustrie eine Groteske daraus gemacht.

Würde man diesen Gedanken - je höher die Geschwindigkeit ist, umso langsamer vergeht die Zeit - noch weiter spinnen, dann hieße dies, dass irgendwann eine Geschwindigkeit erreicht sein müsste, wo die Zeit nicht mehr vergeht, sondern stillsteht. Wo dieser Grenzwert liegt und ob er überhaupt existiert, ist an dieser Stelle sekundär. Aber phantasievolle Geister machen auch aus dieser Überlegung wieder einen Affenzirkus. Sollte dieser Grenzwert überschritten werden, "verläuft die Zeit rückwärts", "man wird jünger", ... verlauten manch komische Auswüchse, die wiederum an die seltsamen "Zeitreisen in die Vergangenheit" erinnern. In diesem Zusammenhang sei nur darauf hingewiesen, dass es egal ist, ob die Zeit vorwärts oder theoretisch "rückwärts" läuft, denn alle Lebewesen würden ohnehin ausnahmslos altern. Und was diesen Grenzwert betrifft, wird ihn Materie nie erreichen.

Weitaus interessanter ist der umgekehrte Fall, der durchaus möglich ist: Je niedriger die Geschwindigkeit ist, umso schneller vergeht die Zeit. Der einzelne Betroffene erfährt aber keinen Nachteil daraus, weil er den Ablauf der Zeit in diesem Fall ebenso Sekunde für Sekunde zur Gänze miterleben würde. Gegenwärtig dreht sich die Erde um die eigene Achse und um die Sonne. Unser Sonnensystem bewegt sich in einem Spiralarm um das Zentrum unserer Milchstraße (Galaxie), in welchem sich ein supermassives Schwarzes Loch befindet. Und unsere Galaxie wandert durch das Weltall und wird in fernster Zukunft mit dem benachbarten Milchstraßensystem 'kollidieren'. Geschwindigkeit ist somit in ausreichendem Maß vorhanden. Und es scheint nur eine einzige Möglichkeit zu geben, bei der diese Geschwindigkeit gleich null ist.

Das Universum befindet sich aktuell in einer expansiven (ausbreitenden) Phase - weg vom Ausgangspunkt des Urknalls. Da man davon ausgehen muss, dass das Universum eines Tages wieder zu kontrahieren beginnt und sämtliche Schwarze Löcher anfangen werden, Materie und andere Schwarze Löcher zu verschlucken, wird zum Schluss nur noch ein einziges Schwarzes Loch übrig bleiben.

In dieser Hinsicht stellt sich lediglich die Frage, ob wirklich alle Materie wieder eingefangen wird, die ausgestoßen wurde - auch die am weitesten entfernte. Und wenn dies der Fall sein sollte, wird sich die gesamte Materie des Universums mit unglaublicher Geschwindigkeit und mit einem unvorstellbaren Druck in einem einzigen "Punkt" verdichten. In dieser ultimativen Situation - dem eigentlichen Ende der Kontraktionsphase - wird sich die Anziehungsgeschwindigkeit des massivsten Schwarzen Lochs, das überhaupt möglich ist, auf den Wert null reduzieren.

Zur Erinnerung: Je niedriger die Geschwindigkeit ist, umso schneller vergeht die Zeit. Und sollte die Geschwindigkeit den Grenzwert null erreichen, was nun der Fall ist, wird die Zeit unendlich schnell vergehen. Alles geschieht auf einmal, was absurd klingt, aber richtig ist. Und wenn alles auf einmal geschieht, gibt es keinen Zeitablauf, sondern nur einen

Zeitpunkt. Dieser Zustand dauert nicht eine Sekunde, auch nicht eine Tausendstelsekunde oder eine Milliardstelsekunde, sondern er stellt nur einen Zeitpunkt dar. Das Ende der Kontraktionsphase ist gleichzeitig der Beginn der nächsten Expansionsphase - ein erneuter Urknall. Um den wievielten Urknall es sich handelt, lässt sich nicht ermitteln, wenn alle Materie eingefangen und zur Gänze wieder ausgestoßen wird.

Zwei Punkte scheinen jedoch sicher:

1. In dem universell geordneten Chaos wird der Ort des Urknalls stets ein anderer sein.

2. Die Urknallserie kann - was die Vergangenheit betrifft - nicht ins Unendliche gehen. Irgendwann muss es den ersten Urknall gegeben haben. Aber was war vor dem ersten Urknall? Offensichtlich existierte zuvor reine Strahlung(senergie), aus der die Materie bzw. Antimaterie entstanden ist.

Die Relativität und die Lichtgeschwindigkeit

Das Relativitätsprinzip der Newtonschen Mechanik besagt, dass durch mechanische Experimente unmöglich bewiesen werden kann, ob man sich in Ruhe oder in gleichförmig geradliniger Bewegung befindet. Sitzt eine Person in ihrem Fahrzeug, das auf einer Straße mit gleichmäßig geradliniger Geschwindigkeit (z. B. 20 Meter pro Sekunde) unterwegs ist, dann merkt diese Person eigentlich nichts von der Eigengeschwindigkeit des Automobils - wenn nicht die Landschaft unaufhörlich an dem Fahrer vorbeihuschen würde. Befände sich die Person jedoch in einem Raumschiff im Weltall, würden die Bezugspunkte in unmittelbarer Umgebung fehlen, wodurch sich die Person ganz und gar nicht mehr ihrer Eigengeschwindigkeit bewusst wäre. Nur wenn das Raumschiff bzw. das Automobil (spürbar) beschleunigen oder abbremsen würde, wäre einem schnell klar, dass man sich in einem Gefährt mit (hoher) Eigengeschwindigkeit aufhält.

Befände sich die Person (das Lenkrad in den Händen haltend) in einem stehenden Fahrzeug (z. B. vor einer Ampel), würde die Person grundsätzlich keinen Unterschied zur Situation eines gleichförmig geradeaus fahrenden Autos bemerken - wenn nicht die umgebende Landschaft den entsprechenden Eindruck beim Fahrer hinterlassen würde. Bei einem Raumschiff hingegen geht dieser unmittelbare Eindruck, an dem man sich auf der Erde orientieren kann, völlig verloren, und man wüsste nicht, ob man mit seinem Raumschiff unterwegs ist oder sich im (relativen) Ruhezustand befindet.

Genauso verhält es sich auch mit den Lebewesen auf der Erde, die von der Eigenrotation unseres Planeten, von der Umkreisung der Sonne, von der Drehung des Sonnensystems um das Zentrum unserer Milchstraße und von der enormen Geschwindigkeit - weg vom Zentrum des Urknalls - nichts mitbekommen.

Als der amerikanische Physiker und spätere Nobelpreisträger Albert Abraham Michelson den (eigentlichen) Nachweis der Wellennatur des Lichts erbrachte und die empirische Konstanz der Lichtgeschwindigkeit in allen Bezugssystemen bewies, stellte er damit ein ganzes Weltbild auf den Kopf und schuf die Voraussetzung für weitere Aussagen zur Relativitätstheorie.

Die Geschwindigkeit der Lichtenergie (allgemein: die Energie elektromagnetischer Wellen) im Vakuum hat den konstanten Wert 299.792,458 Kilometer pro Sekunde bzw. 1 Milliarde und (fast) 80 Millionen Kilometer pro Stunde (km/h) - unabhängig von der Geschwindigkeit eines Beobachters - und wird als Vakuum-Lichtgeschwindigkeit c bezeichnet.

c = 299.792,458 km/s bzw. 1.079.252.848,8 km/h

Lichtstrahlen haben aber nicht immer diesen konstanten Wert und bewegen sich in Materie (z. B. in der Erdatmosphäre) mit geringerer Geschwindigkeit fort. In diesem Fall spricht man von der allgemeinen Lichtgeschwindigkeit, wobei die Lichtquanten (= Photonen) in Wechselwirkung mit der Materie stehen, was zu der entsprechenden Reduktion der Geschwindigkeit des Lichtstrahls führt. Die Lichtquanten selbst werden dabei nicht langsamer, sondern behalten immer die konstante Geschwindigkeit von 299.792,458 km/s bei. Sie wechselwirken lediglich mit der Materie, was verständlicherweise einige Zeit in Anspruch nimmt.

Massetragende Teilchen - wie etwa Protonen, Neutronen, Elektronen, Quarks oder Neutrinos - können im Gegensatz zu Licht keine Lichtgeschwindigkeit erreichen. Aber Licht, das aus masselosen Photonen besteht, hat hingegen kein Problem, sich mit Lichtgeschwindigkeit fortzubewegen.

Eine weitere Aussage zur Natur des Lichts lautet: Nichts hat eine größere Geschwindigkeit zur Übertragung einer Wirkung als die Geschwindigkeit des Lichts. Mit anderen Worten: Nichts ist schneller als das Licht.

Ein Objekt (bzw. Subjekt) kann die Lichtgeschwindigkeit nicht überschreiten - eigentlich nicht einmal erreichen. Der Grund liegt darin begründet, weil ein Objekt (bzw. Subjekt) etwas Materielles ist - also Materie darstellt, welche eine Masse hat. Licht, das aus Photonen besteht, stellt jedoch keine Materie, sondern Strahlungsenergie dar und besitzt deshalb keine Masse.

Allerdings ist aus der Energie-Masse-Relation (= Einstein-Gleichung) ein Zusammenhang zwischen der Energie E und der Masse M (eines Teilchens) ersichtlich, wodurch Masse nichts anderes als eine Erscheinungsform der Energie ist.

$E = M \cdot c^2$ c ... Lichtgeschwindigkeit

Aber wie soll etwas Nicht-Materielles wie Licht, also Strahlungsenergie, irgendetwas mit Masse zu tun haben und sich quasi wie ein Teilchen verhalten?

Dazu muss man wissen, dass es unterschiedliche Erscheinungen von Strahlungsenergie gibt, denen man allesamt ziemlich exotische Namen gegeben hat. Bekanntere Bezeichnungen sind etwa das Photon oder das Gluon, die beide masselos sind.

Um dieses Phänomen anschaulich zu erklären, sei ein kurzer Abstecher in einen anderen Bereich der Wissenschaft - der Biologie - erlaubt. Die Frage nach der Entstehung des Lebens auf der Erde ist ebenso von grundlegender Bedeutung und allgemeinem Interesse. Die Antwort hierfür lautet kurz und bündig: Generell bedurfte es der notwendigen Bausteine des Lebens (wie etwa Nukleotide), die Leben erst ermöglichen konnten. Zusätzlich war das Vorhandensein sämtlicher Voraussetzungen (wie Wasser, die Entstehung immer neuer organischer Verbindungen oder eine optimale Entfernung zur Sonne, ...) entscheidend, um letzten Endes eine Urzelle bzw. primitivstes einzelliges Leben hervorzubringen.

Bezogen auf die angesprochene Wechselwirkung zwischen Energie und Masse bedeutet diese Erkenntnis gleichsam das Vorhandensein sämtlicher notwendiger Energieformen, um aus reiner Energie die entsprechende Materie (sprich: Masse) entstehen zu lassen. Dabei ist zu beachten, dass Energie nicht zerstört oder aus dem "Nichts" erzeugt werden kann, sondern dass eine Erscheinungsform der Energie in eine andere Erscheinungsform der Energie umgewandelt (= transformiert) wird, was letztlich auch die Entstehung von Materie (bzw. Masse) beinhaltet. Daraus ergibt sich wiederum, dass die Energiemenge im Universum konstant (vorgegeben) sein müsste - lediglich ihre Erscheinungsformen variieren.

Die Welt der Materie und Antimaterie

Der Prozess, wie aus Energie Materie (und umgekehrt) entsteht, lässt sich folgendermaßen beschreiben:

Der britische Physiker und spätere Nobelpreisträger Paul Adrien Maurice Dirac führte grundlegende Arbeiten zur Quantentheorie durch und verband 1928 mit einer Theorie die Quantenphysik mit der Relativitätstheorie, die bis heute ihre Gültigkeit bewahrt hat. Dirac stellte fest, dass es mathematische Lösungen gibt, die in der Physik nicht unbedingt sinnvoll erscheinen. So würde bei einem Quadrat mit einer Fläche von 9 Quadratkilometer ein überaus korrekter Mathematiker darauf hinweisen, dass die Seitenlänge jenes Quadrats plus/minus 3 Kilometer beträgt, obwohl für die minus 3 Kilometer kein vernünftiger Grund vorliegt.

$A = 3\text{ km} \cdot 3\text{ km} = 9\text{ km}^2 = (-3\text{ km}) \cdot (-3\text{ km})$

Wenn jedoch in der Mathematik solch eine Lösung zulässig war, musste es laut Dirac auch in der Natur solche Beispiele geben. Und deshalb könnte man die beiden (durchaus sinnvollen) Ergebnisse als Lösung und Gegenlösung - als Materie und Anti-Materie bezeichnen.

Diese Anti-Materie (= Gegen-Materie) ist mit der Materie beinahe völlig identisch. Sie hat das gleiche Verhalten, die gleiche Masse bzw. Energie und die gleiche Ladungsmenge - lediglich das Ladungsvorzeichen nicht. So würde diese Anti-Materie - etwa bei einem Elektron - ein gegensätzliches Ladungsvorzeichen aufweisen. Da Elektronen in unserer Materiewelt negativ geladen sind, müsste es als Bestandteil der Antimateriewelt positiv geladen sein. Doch wie immer bei neuartigen Theorien standen die Experten dieser Behauptung Diracs von 1928 sehr skeptisch gegenüber.

Aber vier Jahre später machte der Amerikaner Carl Anderson eine bahnbrechende Entdeckung, die darauf verwies, dass jene (eigenartige) Theorie von Dirac der Realität entsprach. Carl Anderson startete Versuche mit der Höhenstrahlung (bzw. mit deren Teilchen), indem er in einer Nebelkammer, die von Bleiplatten durchtrennt war, einen Fotoapparat platzierte, welcher mit einem magnetischen Feld gleichgeschaltet war. Falls ein elektrisch geladenes Teilchen durch jenes Magnetfeld fliegen würde, vollführte seine Bahn eine Krümmung, die durch die Kamera festgehalten würde. Diese Bahnkrümmung hängt einerseits von der Geschwindigkeit des Teilchens und andererseits vom Verhältnis der Masse zur Ladung des Teilchens ab. Da aber die Versuche mit der Höhenstrahlung nur Teilchen mit ***einer*** Elementarladung aufweisen, ergibt sich daraus indirekt ein Hinweis auf die Masse, wobei die Krümmungsrichtung der Bahn vom Vorzeichen der Ladung abhängt.

Am 2. August 1932 nahm Andersons Kamera die Bahnkrümmung eines Teilchens auf, von dessen Richtung man wusste, dass es sich nur um die Bahn einer positiven Ladung handeln konnte. Zu jener Zeit kannte man nur Elektronen, die alle negativ geladen sind, und Protonen, die alle positiv geladen sind. Daraus folgernd musste auf Andersons Aufnahme die Spur eines Protons abgebildet sein. Doch die Spur durchdrang die Bleiplatte, was auf eine sehr hohe Geschwindigkeit des Teilchens schließen ließ. Aber bei einem Proton mit so hoher Geschwindigkeit hätte der Krümmungsradius weitaus größer sein müssen als jener, der auf der Platte aufschien. Somit musste das Teilchen, das die Spur verursacht hatte, eine viel kleinere Masse besitzen. Aus der vorhandenen Spur konnte Anderson die Geschwindigkeit des Teilchens und schließlich dessen Masse ableiten. Und die errechnete Masse stimmte genau mit jener eines Elektrons überein. Anderson hatte das erste positiv geladene Elektron, ein Positron, entdeckt, welches das erste dokumentierte Antimaterieteilchen der Geschichte darstellt.

Mittlerweile hat man bereits zahllose Positronen auf Fotoplatten jener kosmischen Strahlung festgestellt, die gar nichts Besonderes mehr darstellen und heute völlig uninteressant sind. Dennoch stellt sich die Frage, wie Antimaterieteilchen in einer Welt aus Materie entstehen können. Die Höhenstrahlung besteht aus Teilchen, die sich fast mit Lichtgeschwindigkeit bewegen (wie etwa die Elektronen), oder aus hochenergetischen Photonen. Wenn solch ein Teilchen auf ein Teilchen in der Atmosphäre trifft, dann wird das irdische Teilchen regelrecht zerschmettert, wodurch ein enormer Trümmerhaufen entsteht. In dieser Situation kann es zur Bildung von Teilchen-Antiteilchen-Paaren kommen, wenn etwa ein Photon in ein Elektron und in ein Positron zerfällt. Auf die gleiche Weise versucht man Antimaterie in einem Teilchenbeschleuniger herzustellen (z. B. bei der europäischen Organisation für Kernforschung CERN in der Schweiz). Dabei werden Elektronen oder Protonen (in einem 27 Kilometer langen unterirdischen Ring) beinahe auf Lichtgeschwindigkeit beschleunigt, bis sie schließlich auf Atomkernen zerschellen. Die dadurch entstehenden Positronen und Antiprotonen sind relativ leicht mit elektrischen oder magnetischen Kräften im Zaum zu halten, weil sie gleichfalls eine positive bzw. negative elektrische Ladung aufweisen, während man bei neutralen Teilchen allergrößte Mühe hat, sie zu transportieren oder korrekt zu handhaben.

Zwar wurden in der Natur schon zahlreiche Antimaterieteilchen beobachtet, aber ganze Atome konnten bisher nicht festgestellt werden. Dennoch ist die Existenz dieser Antimaterie von kurzer Dauer, da sich ein entsprechendes Teilchen-Antiteilchen-Paar gegenseitig vernichtet, wobei eine relativ große Menge an Energie (vor allem elektromagnetische Strahlung als Gammastrahlung) freigesetzt wird. Allerdings sind die erhaltenen Energiemengen bei Elektronen so gering, dass sie kaum der Rede wert sind, obwohl Materie-Antimaterie-Reaktionen im Verhältnis zu gleichwertigen chemischen Prozessen oder Kernfusionen grundsätzlich weitaus besser abschneiden würden.

Strahlungsenergie wird stets paarweise zu gleichen Mengen in Materie und Antimaterie transformiert. Dabei behandelt die Natur Materie und Antimaterie absolut gleichwertig. Auch mit dem Urknall sind ursprünglich Materie und Antimaterie im gleichen Mengenverhältnis entstanden. Trotzdem zeigen alle Untersuchungsergebnisse im Weltraum lediglich Materie an. Und genau dieses Ungleichgewicht von Materie und Antimaterie ist eine ganz wichtige Voraussetzung für die Stabilität unseres Universums. Wäre es nach dem Urknall letztlich bei einem Gleichgewicht von Materie und Antimaterie geblieben, hätte sich die gesamte Materie mit der Antimaterie wieder in Strahlung umgewandelt. Nur ein ganz geringes Ungleichgewicht zugunsten der Materieteilchen hat bewirkt, dass sämtliche Antimaterieteilchen wieder in Strahlung übergegangen sind, wodurch unser heutiges Materieuniversum übrig geblieben ist.

Sämtliche vorgenommene Untersuchungen bestätigen in dieser Hinsicht immer wieder die Bevorzugung der Materie im Universum. Dieser Effekt wird auch CP-Verletzung genannt. Dennoch sind Forscher nach wie vor auf der Suche nach primären Antimaterieteilchen in der kosmischen Strahlung, die - klassisch - aus dem Weltall stammen und nicht bloß beim Zusammenstoß mit unserer Atmosphäre entstanden sind. Bis heute wurden jedoch keine primären Antimaterieteilchen gefunden.

Mit jeder Sekunde entstehen neue Antimaterieteilchen bei Kollisionen von hochenergetischer Strahlung aus dem Weltraum mit den Atomen der Erdatmosphäre. Beim Zusammenstoß mit den Atomen der Luft bilden sich so genannte sekundäre Materie- und Antimaterieteilchen. Viele Antimaterieteilchen gelangen sogar bis zur Erdoberfläche, um aber schnell zu zerfallen, indem sie mit gewöhnlicher Materie zerstrahlen. Dieses intensive Bombardement der Antimaterieteilchen ist allerdings so extrem schwach, dass es keine Auswirkungen auf das Leben der Erde hat. Aus diesem Grund ist auch keine wirtschaftliche Nutzung dieser Antimaterie möglich. Sogar die künstliche Herstellung von Antimaterie mit Hilfe eines Teilchenbeschleunigers wäre nur mit gewaltigem Energieaufwand realisierbar, weshalb eine praktische Energiegewinnung außer Frage steht.

Die Historie der Lichtgeschwindigkeit

Die Frage, ob sich Licht mit endlicher Geschwindigkeit oder unendlich schnell ausbreitet, war bereits bei den Gelehrten der Antike von besonderem Interesse. Um 450 v. Chr. G. behauptete Empedokles, dass Licht in Bewegung sei und für das Zurücklegen von Entfernungen eine gewisse Zeit benötige. Er ging somit von einer endlichen Geschwindigkeit des Lichts aus. Hingegen glaubte Aristoteles etwa 100 Jahre später, dass Licht nicht in Bewegung ist, sondern es rühre von der bloßen Anwesenheit der Objekte her. Dies ist zwar eine sehr eigenwillige Annahme, dennoch räumte Aristoteles ein, dass die Bewegung des Lichts ansonsten jenseits der Vorstellungskraft des Menschen sein müsse.

Um das Jahr 1000 n. Chr. G. meinten die Wissenschaftler Avicenna und Alhazen aus Persien, Licht sei mit einer endlichen Geschwindigkeit unterwegs. Doch gegen die vorherrschende Theorie von Aristoteles konnten sie nichts ausrichten. Sogar Johannes Kepler irrte und dachte, Licht wäre im leeren Raum, wo es auf keine Hindernisse träfe, unendlich schnell. Francis Bacon konnte sich eine endliche Geschwindigkeit des Lichts sehr wohl vorstellen, die nur zu schnell sei, um sie wahrzunehmen. Für René Descartes war die Geschwindigkeit des Lichts hingegen unendlich groß. Galileo Galilei ging von einer endlichen Geschwindigkeit des Lichts aus, die (nach seinem Experiment mit zwei zu bewegenden Laternen in einigen Kilometern Abstand) seiner Meinung nach zumindest mehrere Kilometer pro Sekunde sein müsse.

Als erstem gelang dem dänischen Astronom Ole Romer im Jahr 1676 der Nachweis einer endlichen Geschwindigkeit des Lichts, indem er die Bewegung des Jupitermonds Io mit seinem Fernrohr beobachtete. Anhand des Eintritts in und des Austritts aus Jupiters Schatten ermittelte er die durchschnittliche Umlaufzeit von Io um den Planeten. Und durch Berechnungen wollte er die Ein- und Austritte vorherbestimmen. Aber die Beobachtungen stimmten nie mit seinen Berechnungen überein. Die Eintritte fanden stets früher, die Austritte permanent später statt. Romer erklärte sich jene zeitlichen Diskrepanzen durch die unterschiedlichen Entfernungen von Io zur Erde. Beim Eintritt in den Jupiterschatten stand Io näher zur Erde, während Io beim Austritt aus Jupiters Schatten weiter von der Erde entfernt war. Und deshalb benötigte das Licht für den längeren Weg zur Erde zusätzliche Zeit.

Erst Christiaan Huygens berechnete 1678 die Lichtgeschwindigkeit und gab sie mit etwa 213.000 Kilometer pro Sekunde an, die im Jahr 1973 mittels genauer Lasermessung auf den korrekten Wert 299.792,457 4 +/- 0,001 km/s festgestellt wurde. 1983 wurde durch eine Neudefinition (der Länge) des Meters die Lichtgeschwindigkeit auf den exakten Wert 299.792,458 km/s (ohne weitere Messung) festgelegt.

Das Michelson-Morley-Experiment

Grundsätzlich hat Licht eine endliche Geschwindigkeit. Das ist unbestritten. Allerdings könnte man - (nur) aus der Position des Lichts gesehen - durchaus behaupten, dass das Licht unendlich schnell unterwegs ist, weil es für das Licht keinen Zeitablauf gibt und es somit ohne Zeitverlust im Universum herumreist.

Als Edward Morley und Albert Abraham Michelson 1887 Experimente zur Bestimmung der Lichtgeschwindigkeit durchführten, ergaben die Messungen - wider Erwarten - für das Licht ständig die gleiche Geschwindigkeit. Auch zu verschiedenen Phasen des Erdumlaufs um die Sonne käme man stets zu dem gleichen Resultat, dass die Lichtgeschwindigkeit - unabhängig vom Bezugssystem des Beobachters - immer konstant ist.

Das Problem, dass die beiden Physiker mit ihrem Ergebnis hatten, wird nun erläutert:

Wenn ein Komet die Sonne umrundet hat, sich wieder von ihr entfernt und nun in die gleiche Richtung wie die Erde (z. B. parallel zu unserem Planeten) mit knapp über 130.000 km/h unterwegs ist, fliegt der Schweifstern um rund 23.000 km/h schneller als die Erde. Dadurch müsste sich der Komet - nach dem Vorbeiflug an der Erde - in einer Stunde um etwa 23.000 Kilometer (oder pro Minute um 383,33 Kilometer) von unserem Planeten entfernen. Jede Beobachtung würde diese (grobe) Berechnung (anscheinend) bestätigen.

Befände sich die Erde jedoch auf der gegenüberliegenden Seite der Sonne, und hätte der Komet mit knapp über 130.000 km/h in umgekehrter Richtung die Sonne umrundet und auch die Erde passiert, würde er sich (z. B. weitgehend parallel zur Erde) in entgegengesetzter Richtung von unserem Planeten entfernen. Da die Erde mit über 107.000 km/h die Sonne umkreist, ergibt sich eine Distanz von über 237.000 Kilometer in einer Stunde (oder von mehr als 3.950 Kilometer pro Minute) zu dem Kometen. Jeder Blick durch das Teleskop würde auch diese (grobe) Berechnung (offenbar) bestätigen.

Beim Licht verhält es sich scheinbar etwas anders - aber nur scheinbar. Würde die Erde zu einem von der Sonne soeben abgegebenen Lichtstrahl (parallel) mitfliegen, dann legt die Erde, die in die gleiche Richtung unterwegs ist, 29,8 Kilometer in einer Sekunde zurück, während der Lichtstrahl (nach dieser einen Sekunde) um 299.792,457 ... Kilometer von der Erde entfernt ist. Jede exakte Messung würde dieses Ergebnis bestätigen.

Würde die Erde - auf der gegenüberliegenden Seite der Sonne - zu einem von der Sonne soeben abgegebenen Lichtstrahl (parallel) jedoch in die entgegengesetzte Richtung fliegen, dann legt die Erde genauso 29,8 Kilometer in einer Sekunde zurück, während die Entfernung des Lichtstrahls von der Erde (nach dieser einen Sekunde) offenkundig abermals nur 299.792,457 ... Kilometer ausmacht, obwohl Morley und Michelson ein ganz anderes Resultat erwartet hatten. Jede genaue Messung würde dieses "absonderliche" Ergebnis bestätigen.

Es scheint sich hierbei um ein unerklärliches Phänomen zu handeln, aber das ist es nicht. Die Ursache für dieses eigenartige Ergebnis liegt darin, dass sich der Lichtstrahl und die Erde in ihrem eigenen zeitlichen Ablauf befinden. Die Zeit (= der Zeitablauf) vergeht für die Erde anders als für den Lichtstrahl, da die Erde einer langsameren Geschwindigkeit ausgesetzt ist. Zur Erinnerung: ***Je höher die Geschwindigkeit ist, der man ausgesetzt ist, umso langsamer vergeht die Zeit. Je langsamer die Geschwindigkeit ist, umso schneller vergeht die Zeit.*** Weil das Licht mit 299.792,458 km/s unterwegs ist, steht die Zeit für den Lichtstrahl still, während auf der Erde sehr wohl ein Zeitablauf zu vernehmen ist, da die Erde weitaus langsamer durch das Weltall fliegt.

Zwar befindet sich auch der Komet durch seine höhere Eigengeschwindigkeit in einem eigenen Zeitablauf (= in einer eigenen zeitlichen "Dimension"), aber dieser Unterschied ist im Vergleich zur Erde vernachlässigbar gering. Zusätzlich wäre zu den Beobachtungen des Kometen auch noch die Lichtgeschwindigkeit in ganz anderer Hinsicht zu berücksichtigen. Wäre der Komet bereits 150.000 Kilometer von der Erde entfernt, würde er sich - während der Beobachtung durch ein Teleskop - gar nicht mehr an der entsprechenden Stelle befinden, weil in diesem Fall das Licht des Kometen mit einer halben Sekunde Verspätung auf der Erde eintrifft. In Wahrheit ist er schon über 18 Kilometer weitergeflogen, als es uns das aktuelle Bild (durch das Teleskop) vermitteln würde. Resümee: Mit einem Blick durch ein (einfaches) Teleskop sind keine exakten Messergebnisse möglich.

Ein weiteres Beispiel

Ein Lichtstrahl verlässt soeben die Sonne und rast mit 299.792,458 km/s im Vakuum durchs All. Würden wir uns (theoretisch) mit unserem Planeten (ohne Eigenrotation) parallel zu dem Lichtstrahl ebenfalls mit Lichtgeschwindigkeit bewegen, und wäre der Versuch, die Geschwindigkeit des parallel fliegenden Lichtstrahls zu messen, möglich, würden wir merken, dass die Geschwindigkeit des Lichtstrahls gleich null ist. Da wir und der Lichtstrahl mit Lichtgeschwindigkeit unterwegs sind, vergeht für uns und den Lichtstrahl die Zeit nicht ($t = 0$), wodurch (für uns und den Lichtstrahl) auch keine Geschwindigkeit und somit kein zurückgelegter Weg erkennbar ist, obwohl jeder außenstehende Beobachter sehen würde, dass wir und der Lichtstrahl sehr wohl jede Sekunde fast 300.000 Kilometer zurücklegen. Wir würden ohne zeitliche Verzögerung durchs Weltall reisen und an einen anderen Ort gelangen, ohne nur eine einzige Sekunde gealtert zu sein, was jede Uhr auf der Erde bestätigen würde. Unser Leben auf der Erde würde während dieser Lichtgeschwindigkeitsreise stillstehen, keine Bewegung und keine Geschwindigkeit wäre während dieser Reise auf der Erde vorhanden, wodurch auch kein einziger Messversuch zur Bestimmung der Geschwindigkeit des parallel fliegenden Lichtstrahls möglich ist. Allerdings hat diese Lichtgeschwindigkeitsreise einen Haken: Die Erreichung von Lichtgeschwindigkeit ist für Materie (und somit für einen Planeten) grundsätzlich unmöglich.

Deshalb ist ein anderes Beispiel für eine verständliche Erklärung der Relativität vonnöten:

Würden wir uns mit unserem Planeten mit halber Lichtgeschwindigkeit parallel zu dem Lichtstrahl bewegen, und würden wir versuchen, die Geschwindigkeit des Lichtstrahls zu messen, würden wir merken, dass die Geschwindigkeit des Lichtstrahls der Lichtgeschwindigkeit entspricht - und nicht bloß der halben Lichtgeschwindigkeit. Das heißt mit anderen Worten: Auch wenn wir erwarten würden, dass der Lichtstrahl sich in einer Sekunde nur um etwa 150.000 Kilometer von uns entfernt haben dürfte, da wir selbst ja mit halber Lichtgeschwindigkeit fliegen, ist dies nicht der Fall. Der Lichtstrahl hat sich trotzdem um 299.792,458 Kilometer in dieser einen Sekunde von uns entfernt. Ermöglicht wird dieses (anscheinend absonderliche) Ergebnis dadurch, dass wir uns in einem anderen zeitlichen Ablauf (oft als andere zeitliche "Dimension" bezeichnet) befinden. Weil der Lichtstrahl mit Lichtgeschwindigkeit unterwegs ist, vergeht für ihn keine Zeit. Für die Menschen auf dem Planeten, die nur mit halber Lichtgeschwindigkeit durchs All reisen, vergeht jedoch die Zeit sehr wohl - und zwar in genau dem Ausmaß, dass sich letztendlich für die Messung der Distanz zum Lichtstrahl wiederum der Wert 299.792,458 Kilometer in einer Sekunde ergibt.

Der Lichtstrahl legt in einer Sekunde 299.792,458 Kilometer zurück. Die Erde hat in einer Sekunde (= in einer Sekunde **auf unserem Planeten** ! ! !) - angeblich - genau die Hälfte von 299.792,458 Kilometer zurückgelegt, und dennoch ist der Lichtstrahl nach einer Sekunde 299.792,458 Kilometer von uns entfernt.

Nochmalige Erklärung zum besseren Verständnis (mit einem außenstehenden Beobachter):

Die Erde und die Sonne unterliegen bestimmten Geschwindigkeiten - etwa der Entfernungsgeschwindigkeit vom Urknallzentrum oder der Umkreisungsgeschwindigkeit um das Zentrum unserer Galaxie. Diese beiden Geschwindigkeiten sind jedoch für das Geschwindigkeitsverhältnis der Erde zur Sonne ohne (real messbare) Bedeutung, weil sowohl die Erde als auch die Sonne diesen Geschwindigkeiten im gleichen Ausmaß ausgesetzt sind. Da unser Planet in einem (weitgehend) konstanten Abstand von 150 Millionen Kilometer die Sonne umkreist, ändert sich auch nichts an der Zeitdauer (von etwa 500 Sekunden) bis zum Eintreffen des Sonnenlichts auf der Erde. Stünden jedoch Erde und Sonne nicht in konstantem Abstand zueinander (und wären sie damit nicht gleichzeitig allen Geschwindigkeiten des Weltalls weitgehend im gleichen Ausmaß ausgesetzt), würde sich einiges grundlegend ändern.

Die Wissenschaftler des 19. Jahrhunderts gingen von einem ruhenden Äther im Weltall aus, in dem sich alle Körper bewegen. Zwar sollte man statt des Ausdrucks "ruhender Äther" eher das Wort Vakuum verwenden, ansonsten gäbe es an dieser Behauptung nicht wirklich etwas auszusetzen.

Da - im Sinne jener Wissenschaftler - dieser Äther das Übertragungsmedium des Lichts darstellte, müsste sich das Licht relativ zum Äther immer mit derselben Geschwindigkeit fortpflanzen. Auch an dieser Formulierung ist nichts zu bemängeln.

Aus diesen Überlegungen folgerte man, dass das Licht, das auf einen sich durch den Äther bewegenden Körper (z. B. auf einen Planeten) gestrahlt wird, relativ zu diesem verschiedene Geschwindigkeiten annimmt, je nachdem, wie schnell und in welche Richtung sich dieser Körper bewegt.
Auch in dieser Aussage stecken völlig richtige Überlegungen. Allerdings entspricht dieser Gedankengang der Situation eines außenstehenden Beobachters.

Daraus entwickelte sich die Idee, die Bewegung der Erde relativ zum Äther zu bestimmen, die durch eine entsprechende Apparatur, dem Interferometer von A. A. Michelson, gemessen werden sollte. Dieser Versuch musste allerdings misslingen, da Michelson nicht der außenstehende Beobachter sein konnte. Jeder, der dieses Experiment durchführen will, ist gleichzeitig Bestandteil des von ihm ausgeführten Experiments. Das Ergebnis wird immer wieder zeigen, dass der Tester gar nichts feststellt - außer, dass die Lichtgeschwindigkeit konstant ist.

Die Folgen des Michelson-Morley-Experiments

Zur allgemeinen Verständlichmachung erfolgt im folgenden Beispiel als Vereinfachung eine Annahme der Lichtgeschwindigkeit von genau 300.000 km/s:

Befinden sich Sonne und Planet zueinander (in relativer Ruhe) in einem Abstand von 150.000 Kilometer, dann benötigt das - eben abgestrahlte - Licht der Sonne bis zum Eintreffen auf dem Planeten genau eine halbe Sekunde. Dies gilt auch für einen Planeten, der eine Sonne (z. B. einen Weißen Zwerg) im konstanten Abstand von 150.000 Kilometer umkreist.

Würde sich aber ein Planet, der aktuell (im Punkt A) einen Abstand von 150.000 Kilometer zu einer Sonne hat, mit einer konstanten Geschwindigkeit von 150.000 km/s linear von der Sonne (in Richtung Punkt B) entfernen, wird ein Wissenschaftler (oder ein außenstehender Beobachter) davon ausgehen, dass ein soeben abgestrahlter Lichtstrahl (vom Punkt E) 300.000 Kilometer in einer Sekunde zurücklegt und deshalb den nach einer Sekunde um weitere 150.000 Kilometer von der Sonne entfernten Planeten (im Punkt B) eingeholt haben wird.

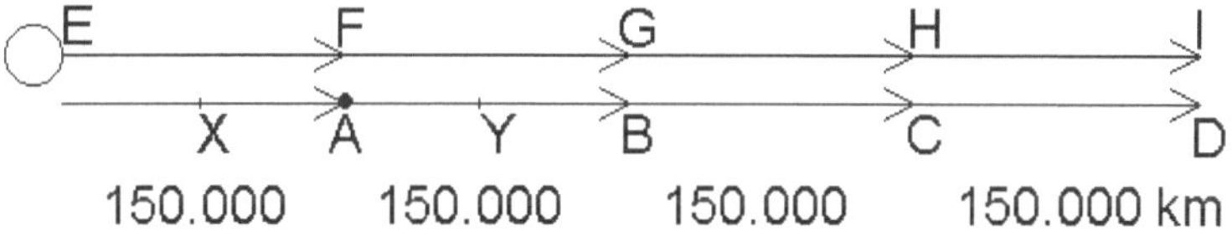

Für den außenstehenden Beobachter wäre dieser Versuch nach einer Sekunde erfolgreich abgeschlossen. Der Planet, der - zu Beginn des Experiments - 150.000 Kilometer von der Sonne entfernt war, war nach einer Sekunde bereits 300.000 Kilometer von der Sonne entfernt. Der Lichtstrahl, der - zu Beginn des Experiments - die Sonne verlassen hat, hat nach einer Sekunde den Planeten eingeholt und somit 300.000 Kilometer in dieser Sekunde zurückgelegt. Der außenstehende Beobachter ist zufrieden, dass seine Theorie bestätigt wurde, und kann es sich gemütlich machen.

Der Wissenschaftler auf dem Planeten hat jedoch einen entscheidenden Nachteil, denn er ist Bestandteil seines eigenen Experiments. Der Planet, auf dem sich der Wissenschaftler befindet, hat zu Versuchsbeginn (im Punkt A) einen Abstand von 150.000 Kilometer zur Sonne. Da sich der Planet mit 150.000 km/s von der Sonne entfernt, müsste ihn das vor einer Sekunde von der Sonne abgestrahlte Licht genau nach einer Sekunde (im Punkt B) - also weitere 150.000 Kilometer von der Sonne entfernt - eingeholt haben. Tatsächlich wird der Wissenschaftler auf dem Planeten feststellen, dass das zu Versuchsbeginn von der Sonne abgestrahlte Licht, welches sich 150.000 Kilometer hinter dem Planeten befand, sich nun - (auf dem Planeten ! ! !) ***genau eine Sekunde später*** - 150.000 Kilometer vor dem Planeten befindet - und zwar im Punkt I, was allerdings der Wissenschaftler nicht realisiert. Diese scheinbare Unlogik erklärt sich dadurch, dass der Planet mit halber Lichtgeschwindigkeit unterwegs ist. Und je höher die Geschwindigkeit (eines Planeten) ist, umso langsamer vergeht die Zeit (auf dem Planeten) bzw. je niedriger die Geschwindigkeit (eines Planeten) ist, umso schneller vergeht die Zeit (auf dem Planeten). Das heißt: Das Licht, das sich zu Versuchsbeginn noch 150.000 Kilometer hinter dem Planeten befand, hat sich zu Versuchsende - also nach einer Zeitdauer ***von einer Sekunde auf dem Planeten*** - 150.000 Kilometer vor dem Planeten befunden. Obwohl ein außenstehender Beobachter bestätigen würde, dass sich der Planet in einer Sekunde um 150.000 Kilometer vorwärts bewegt hat, ist auf dem Planeten (wegen der hohen Eigengeschwindigkeit) nur eine halbe Sekunde vergangen. Für die nächsten zurückgelegten 150.000 Kilometer ist auf dem Planeten ebenso nur eine halbe Sekunde vergangen, während für den außenstehenden Beobachter eine ganze Sekunde vergangen ist. Der Lichtstrahl hat hingegen für den außenstehenden Beobachter während dieser zwei Sekunden 600.000 Kilometer zurückgelegt, während der Planet nur 300.000 Kilometer zurückgelegt hat. Und auf dem Planeten sind die Wissenschaftler verwundert, dass sich für das Licht - mit jedem neuen Versuch immer wieder - eine konstante Geschwindigkeit ergibt, obwohl der Planet - auf dem man sich befindet - selbst in Bewegung ist. Das Ergebnis scheint unlogisch und unfassbar - aber nur deshalb, weil man darauf vergessen hat, dass jeder Geschwindigkeitsunterschied zu anderen Körpern auch einen anderen Zeitablauf (zu diesen Körpern) hervorruft.

Man könnte argumentieren, da für den außenstehenden Beobachter zwei Sekunden vergangen sind, hat der Planet letztendlich 300.000 Kilometer zurückgelegt. Doch der Außenstehende befindet sich in einer anderen zeitlichen "Dimension", und deshalb hat nur der Außenstehende die zurückgelegten Kilometer in seiner eigenen Zeit so wahrgenommen, während auf dem Planeten mit dem "Wissen" der Wissenschaftler, mit 150.000 km/s unterwegs zu sein, nur 150.000 Kilometer in dieser einen Sekunde zurückgelegt worden sein konnten - was allerdings jeder x-beliebige Außenstehende, der einer (völlig) anderen Geschwindigkeit ausgesetzt ist, vollkommen anders sehen würde. Außerdem gibt es jenen klassischen außenstehenden Beobachter, der sämtliche zeitliche "Dimensionen" genau überblickt und stets weiß, was wirklich vor sich geht, in Wahrheit gar nicht, weil er alle Abläufe in seiner eigenen Realität (= zeitliche "Dimension") wahrnimmt. Allerdings ist es durchaus möglich, in Form einer Dokumentationssendung für das Fernsehen anhand einer "außenstehenden Kamera" (= Bildschirm eines Fernsehgeräts) genau diese Situation eines außenstehenden Beobachters zu simulieren, der den vollkommenen Überblick hat.

Man könnte meinen, dass nach dieser "einen" Sekunde (auf dem Planeten) der Planet insgesamt 300.000 Kilometer zurückgelegt hat, sich also um 150.000 Kilometer mehr von der Sonne entfernt hat - was auch tatsächlich richtig ist. Allerdings würde man auf dem Planeten, der (nun) insgesamt 450.000 Kilometer von der Sonne entfernt ist, das von der Sonne (eben) abgestrahlte Licht erst mit einer Verspätung von 1,5 Planeten-Sekunden (= 3 Außenstehenden-Sekunden) sehen. Oder anders ausgedrückt: Man sieht an dieser Position (im Punkt C) aktuell den Zustand (inklusive Abstand) der Sonne vom Zeitpunkt vor 0,75 Planeten-Sekunden (= 1,5 Außenstehenden-Sekunden), als sich der Planet im Punkt Y befunden hat - also eine Sonne in 225.000 Kilometer Entfernung, obwohl der Planet tatsächlich schon 450.000 Kilometer von dem Stern entfernt (im Punkt C) ist. Nur das verspätet eintreffende Licht gaukelt den Bewohnern des Planeten eine Sonne in 225.000 Kilometer Entfernung vor.

	Tatsächliche Sonnendistanz	Zeitablauf des Außenstehenden	Zeitablauf auf dem Planeten	Vorgegaukelte Sonnendistanz	Zustand der Sonne, als der Planet im Punkt ... war
A	150.000 km	1,00 s	0,50 s	75.000 km	X
B	300.000 km	2,00 s	1,00 s	150.000 km	A
C	450.000 km	3,00 s	1,50 s	225.000 km	Y

Der Planet, der sich zu Beginn des Experiments im Punkt A befunden hat, fliegt mit 150.000 km/s in Richtung Punkt B, der 150.000 Kilometer vom Punkt A entfernt ist. Die Bewohner des Planeten glauben, sich nach einer Planeten-Sekunde im Punkt B zu befinden, sind aber bereits im Punkt C angelangt, da die Strecken von A nach B und von B nach C jeweils in einer halben Planeten-Sekunde absolviert wurden. Für einen Außenstehenden, der den vollkommenen Überblick hat, sind aber insgesamt zwei Sekunden vergangen. Und zum Zeitpunkt, als sich der Planet tatsächlich im Punkt B befunden hat, dachten die Bewohner, sie befänden sich an der Position des Punkts Y.

Mit anderen Worten: Wenn zusätzlich zur Sonne (siehe Punkt E) auch der Planet im Punkt A verharren täte, würde das eben von der Sonne abgestrahlte Licht eine halbe Sekunde später auf dem Planeten eintreffen. Ist aber der Planet mit 150.000 km/s in Richtung Punkt B unterwegs, würde das Licht nach einer Sekunde (im Punkt G) den Planeten im Punkt B eingeholt haben, was ein Außenstehender sofort bestätigen könnte. Das Problem für die Bewohner des Planeten ist, dass für sie erst eine halbe Planeten-Sekunde vergangen ist, weil sie mit (extrem hohen) 150.000 km/s unterwegs sind. Die Bewohner des Planeten sind verwundert, dass sich zum (relativen) Ruhezustandsmodus (= Sonne im Punkt E und Planet im Punkt A) nichts geändert hat. Obwohl der Planet in Bewegung (= in Richtung Punkt B unterwegs) ist, trifft das Sonnenlicht abermals nach einer halben Planeten-Sekunde ein (bzw. befindet sich auf gleicher Höhe im Punkt G). Und in dieser Situation glauben sich die Bewohner auch noch im Punkt Y zu befinden. Vergeht noch eine weitere Außenstehenden-Sekunde, dann hat der Planet den Punkt C erreicht, während sich das Licht nach jenen zwei Sekunden (600.000 Kilometer von der Sonnenoberfläche entfernt) im Punkt I befindet, was der Außenstehende unverzüglich bestätigen könnte. Die Bewohner sind erneut verblüfft, dass das Licht, welches sich zu Versuchsbeginn noch 150.000 Kilometer hinter dem Planeten befunden hatte, sich nach einer einzigen Planeten-Sekunde plötzlich 150.000 Kilometer vor ihnen befindet.

Wie bereits erwähnt, kann solch ein Außenstehender im absoluten Ruhezustand gar nicht existieren, weil er sofort in Strahlungsenergie übergehen würde. Nur Materie (= Masse), die sich in Bewegung befindet, kann existieren (bzw. Leben hervorbringen). Bewegungslose Materie kann also gar nicht bestehen, denn der totale Stillstand von Materie bedeutet ihre sofortige "Vernichtung".

Was die Geschwindigkeit des Planeten von 150.000 km/s betrifft, sei folgende Erläuterung mitgeteilt:

Als sich der Planet im Punkt A befand, wurde den Bewohnern des Planeten der Zustand der Sonne bzw. der Abstand zur Sonne im Punkt X (= 75.000 Kilometer hinter dem Punkt A) vermittelt. Als der Planet den Punkt C erreichte, wurde den Bewohnern der Zustand der Sonne bzw. der Abstand zur Sonne im Punkt Y (75.000 Kilometer vor dem Punkt A) vermittelt. Während dieser einen Planeten-Sekunde vernahmen die Bewohner einen zurückgelegten Weg von 150.000 Kilometer, weil ihnen das auf dem Planeten eintreffende Licht genau jene entsprechenden Distanzen zur Sonne vorgaukelte. Mit dem Wissen vom verspätet eintreffenden Sonnenlicht glaubten sich die Bewohner am Beginn korrekterweise (statt im Punkt X) im Punkt A (und nach einer Planeten-Sekunde fälschlicherweise im Punkt B) zu befinden. Denn das Licht, welches von der Sonnenoberfläche (im Punkt E) abgestrahlt wurde (als sich der Planet im Punkt A befand), war - wie sämtliche Experimente zeigen würden - nach einer Planeten-Sekunde bereits 150.000 Kilometer vor dem Planeten.

Tatsächlich hat der Planet (für einen Außenstehenden) 300.000 Kilometer in 2 Sekunden zurückgelegt, was aber kein Bewohner des Planeten mitbekommen hat. Die Bewohner glauben nach wie vor, mit 150.000 km/s unterwegs zu sein, was auch richtig ist. Und sie glauben außerdem, 150.000 Kilometer zurückgelegt zu haben, was jedoch falsch ist. In Wahrheit haben die Bewohner nicht verstanden, wenn man einer anderen (= höheren bzw.

niedrigeren) Geschwindigkeit ausgesetzt ist, dann befindet man sich zudem in einem anderen Zeitablauf. Und aus diesem Grund hat der Planet in Wirklichkeit 300.000 Kilometer in einer einzigen Planeten-Sekunde zurückgelegt - aber nicht, weil die Geschwindigkeit 300.000 km/s ausgemacht hat (denn diese beträgt nach wie vor 150.000 km/s), sondern weil sich der zeitliche Ablauf auf dem Planeten um 50 Prozent verlangsamt hat. Statt zwei Sekunden (für einen Außenstehenden) ist nur eine Sekunde auf dem Planeten vergangen.

Nicht selten wird auch darauf "vergessen", je größer der Abstand zu einem Stern wird, umso später treffen die Lichtstrahlen auf einem Planeten ein. Oft weiß man gar nicht, ob sich ein bestimmter Stern nähert oder entfernt, was genaue Messungen besonders erschwert. Allerdings sind die Geschwindigkeiten bei realen Experimenten weitaus niedriger als bei dem fiktiven Beispiel, wo der Planet sogar mit halber Lichtgeschwindigkeit durch das All reist. Im Normalfall hat man es bei Himmelskörpern eher mit Geschwindigkeiten von 30 km/s (z. B. Reise der Erde um die Sonne), 250 km/s (z. B. Weg der Sonne um das Galaxiezentrum) oder mehrere 10.000 km/s, aber auch mit 150.000 km/s oder gar mit 250.000 km/s (= Entfernung vom Urknallzentrum) zu tun.

Interessant ist, dass der Fall eines Planeten, der mit halber Lichtgeschwindigkeit durchs Weltall reist, einen "Grenzfall" darstellt. Obwohl kein Objekt (bzw. Subjekt) die Lichtgeschwindigkeit erreichen kann, wird durch dieses Beispiel ersichtlich, dass über den Umweg der Zeitdilatation (= zeitliche "Dehnung") genau jener Effekt erzielt wird. Und wenn ein Objekt (z. B. ein Raumschiff) sogar mit mehr als der halben Lichtgeschwindigkeit durchs All fliegt, werden durch die Zeitdilatation im wahrsten Sinn des Wortes "Überlichtgeschwindigkeitsreisen" ermöglicht.

Wenn ein Raumschiff beispielsweise mit 200.000 km/s im Kosmos unterwegs wäre, würde sich folgendes Szenario abspielen:

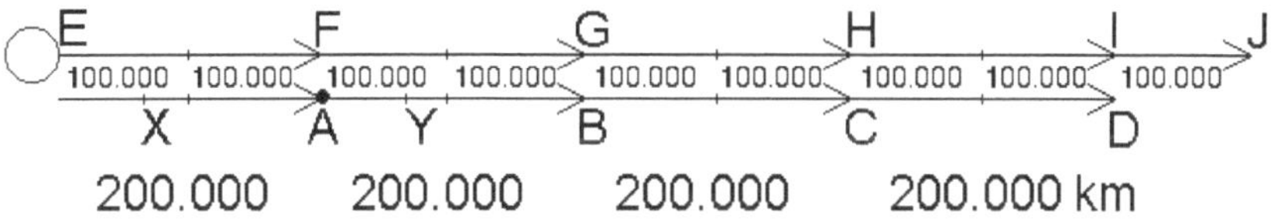

Das Raumschiff (im Punkt A) befindet sich aktuell 200.000 Kilometer von der Sonne (im Punkt E) entfernt und bewegt sich linear mit 200.000 km/s von der Sonne weg. Ein Lichtstrahl, der eben von der Sonnenoberfläche (in Richtung der Raumfähre) abgegeben wird, erreicht das Raumschiff nach 2 Sekunden auf Höhe von Punkt H und legt somit 600.000 Kilometer zurück. Das Raumschiff fliegt während dieser 2 Sekunden 400.000 Kilometer weit (vom Punkt A zum Punkt C). Nach einer weiteren Sekunde befindet sich der Lichtstrahl 300.000 Kilometer weiter vorne im Punkt J, während die Raumfähre in dieser einen Sekunde abermals 200.000 Kilometer zurücklegt und den Punkt D erreicht. Der Lichtstrahl, der sich zu Beginn im Punkt E 200.000 Kilometer hinter dem Raumschiff (im Punkt A) befunden hat, ist nun - nach insgesamt 3 Sekunden - im Punkt J 100.000 Kilometer vor der Raumfähre (im Punkt D) angekommen. All das bisher Geschilderte gilt für einen außenstehenden Beobachter, der den perfekten Überblick über das gesamte Geschehen hat.

Aus der Sicht der Insassen des Raumschiffs stellt sich der Ablauf der Geschehnisse jedoch etwas anders dar. Mit dem Wissen, mit 200.000 km/s unterwegs zu sein, glauben die Raumfahrer genau 200.000 Kilometer in einer Sekunde zurückzulegen. Doch zu der in (relativer) Ruhe befindlichen Sonne sind die Astronauten mit 200.000 km/s einer weitaus höheren Geschwindigkeit ausgesetzt, was dazu führt, dass sich der zeitliche Ablauf im Raumschiff (im Gegensatz zu ihrer gesamten Umwelt) stark verlangsamt. (Zur Erinnerung: Je höher die Geschwindigkeit ist, der man unterliegt, umso langsamer vergeht die Zeit bzw. der Zeitablauf.) Anstatt 600.000 Kilometer in drei Sekunden zu absolvieren, wie es der Außenstehende beobachtet hat, legen die Raumfahrer diese Strecke von 600.000 Kilometer - in ihrem eigenen Zeitablauf - innerhalb einer einzigen Sekunde zurück.

Und weil die Raumfahrer "wissen", dass sie mit 200.000 Kilometer pro Sekunde durchs Weltall fliegen, erliegen sie dem Irrtum, in der von ihnen wahrgenommenen ***einen*** Sekunde nur 200.000 Kilometer gereist zu sein.

Hätten die Raumfahrer, als sie sich im Punkt A befanden, aus dem Fenster geblickt, hätten sie die Entfernung bzw. den Zustand der Sonne in der Position des Punkts X (also 133.333,333 ... Kilometer hinter dem Punkt A) gesehen. Da ein Lichtstrahl die Strecke vom Punkt E zu Punkt F in 0,666 666 ... Sekunden zurücklegt, wird einem sofort bewusst, dass man in Wahrheit im Punkt A die Distanz bzw. den Zustand der Sonne wahrnimmt, als man sich (0,666 666 ... Außenstehenden-Sekunden zuvor) im Punkt X aufgehalten hat. Und wenn das Raumschiff den Punkt D erreicht, sieht man gleichfalls nicht die aktuelle Entfernung (bzw. nicht den aktuellen Zustand) der Sonne, sondern diejenige (bzw. denjenigen), welche(r) im Punkt Y vorgeherrscht hat - also 66.666,666 ... Kilometer vor dem Punkt A. Die Erklärung hierfür lautet: Weil ein Lichtstrahl für die Strecke vom Punkt E bis zum Punkt I insgesamt 2,666 666 ... Sekunden benötigt, muss man vom Punkt D ausgehend auf den Zeitpunkt 2,666 666 ... Außenstehenden-Sekunden zuvor zurückrechnen, und man erhält anhand der Distanz von 533.333,333 ... Kilometer den Punkt Y.

Die Astronauten nehmen also im Punkt A die Entfernung zur Sonne im Punkt X (also 133.333,333 ... Kilometer hinter A) wahr, während sie im Punkt D die Entfernung zur Sonne im Punkt Y (66.666,666 ... Kilometer vor A) sehen. Das Sonnenlicht gaukelt den Raumfahrern einen zurückgelegten Weg (von X nach Y) im Ausmaß von 200.000 Kilometer vor, und alles scheint korrekt zu sein. Allerdings müssten die Astronauten sehr schnell begreifen, dass sie sich während der Wahrnehmung der Sonnendistanz von 66.666,666 ... Kilometer in Wirklichkeit (nicht im Punkt X, sondern) im Punkt A befunden haben. Doch nun erfolgt bei vielen Personen der entscheidende Denkfehler. In der Irrmeinung nur 200.000 Kilometer in einer Sekunde gereist zu sein, wird die (via Sonnenlicht) angeblich absolvierte Strecke (von X nach Y) auf A und B verlagert, wobei der Punkt B der eigentliche Fehler ist. Und die Personen sind danach verwundert, weil der Lichtstrahl, welcher sich eine Sekunde zuvor 200.000 Kilometer hinter dem Punkt A befand (hier: Abstrahlung von der Sonnenoberfläche), nach dieser einen Sekunde plötzlich 100.000 Kilometer vor dem (irrtümlich angenommenen) "Punkt B" aufscheint. Egal, ob man sich im Ruhezustand (zur Sonne) befindet oder von A in Richtung B unterwegs ist, ständig hat das Licht in dieser einen Sekunde rund 300.000 Kilometer mehr zurückgelegt. Die Leute sind daraufhin von dem Ergebnis völlig überrascht und verstehen gar nichts mehr.

- -

Kurzer Einschub:

Bezogen auf die runden Werte wie 300.000, 200.000, 150.000, 100.000, ... km bzw. km/s müsste man all diese Zahlen mit 0,999 308 193 333 333 ... multiplizieren, um die genauen Zahlenwerte - wie unten angeführt - zu erhalten:

Statt ...	lautet der richtige Wert ...
300.000 km	299.792,458 km
225.000 km	224.844,343 5 km
200.000 km	199.861,638 666 ... km
150.000 km	149.896,229 km
133.333,333 ... km	133.241,092 444 ... km
100.000 km	99.930,819 333 ... km
75.000 km	74.948,114 5 km
66.666,666 ... km	66.620,546 222 ... km
50.000 km	49.965,409 666 ... km

Wie bereits erwähnt, wurde zwecks Vereinfachung, besserer Anschaulichkeit und besserer Nachvollziehbarkeit auf runde Zahlen (wie z. B. 200.000 km/s) zurückgegriffen.

Andere Darstellung der Lichtgeschwindigkeitsbeispiele

Die Resultate der beiden angeführten Beispiele mit dem Planeten und mit dem Raumschiff, die sich mit immenser Geschwindigkeit (von 150.000 bzw. 200.000 Kilometer pro Sekunde) von einer Sonne wegbewegen, hätte man sogar auf einfachere Weise erhalten können.

Aufgrund einer mathematischen Besonderheit, einer Systematik, hätte man statt der genauen Beschreibung (inklusive Zeichnung und ausführlicher Erläuterung) auch ganz anders auf den Effekt einer "Reise mit Überlichtgeschwindigkeit" stoßen können.

Wenn sich ein Planet geradlinig mit halber Lichtgeschwindigkeit (= 149.896,229 ... km/s) von einer Sonne wegbewegt, dann legt er in zwei Sekunden die Strecke von einer Lichtsekunde (= 299.792,458 km) zurück, während das Licht in diesen zwei Sekunden den Weg von zwei Lichtsekunden (= 599.584,916 km) hinter sich bringt.

Licht: 599.584,916 km in 2 Sekunden

Distanz: 1 Lichtsekunde

Planet: 299.792,458 km in 2 Sekunden

Tatsächlich legt der Planet jene 299.792,458 Kilometer (aus der Sicht des Planeten) nicht in zwei Sekunden, sondern (wegen der Verlangsamung des Zeitablaufs auf dem Planeten) in einer Sekunde zurück. Daraus ergibt sich quasi eine Reise auf Lichtgeschwindigkeitsniveau. Weil der Planet mit halber Lichtgeschwindigkeit (1/2 c) durchs All fliegt, reduziert sich der Zeitablauf auf dem Planeten um 50 Prozent (z. B. von 2 Sekunden auf eine Sekunde), wodurch man die "halbe Lichtgeschwindigkeit" einfach mit dem "Faktor 2" multiplizieren kann.

$$\frac{1}{2} c \cdot 2 = 1 c$$

c ... Lichtgeschwindigkeit

Als Ergebnis erhält man 1 c, wobei der Planet quasi mit Lichtgeschwindigkeit durchs Weltall reist. Die anwendbare Systematik ist die, dass der Multiplikator 2 gleich der Zahl 2 im Nenner (des Bruchs) ist. Zudem muss im Zähler (des Bruchs) immer eine Zahl stehen, die um eins kleiner ist als der Nenner (2 - 1 = 1), um diese Systematik zu gewährleisten. Daraus resultierend ergibt sich folgende Formel:

$$\frac{x-1}{x} c \cdot x = (x-1) c \qquad c \ldots \text{Lichtgeschwindigkeit}$$

Allerdings ist bei dieser Art der Berechnung keine Spur von Anschaulichkeit zu erkennen - geschweige denn, dass irgendetwas leicht nachvollziehbar wäre.

- -

Bei dem zweiten Beispiel mit dem Raumschiff, das sich mit zwei Drittel der Lichtgeschwindigkeit (= 199.861,638 666 ... km/s) von der Sonne entfernt, wird diese Systematik bereits offensichtlicher. Das Raumschiff legt in drei Sekunden die Strecke von zwei Lichtsekunden (= 599.584,916 km) zurück, während ein Lichtstrahl in drei Sekunden den Weg von drei Lichtsekunden (= 899.377,374 km) hinter sich bringt.

Licht: 899.377,374 km in 3 Sekunden

Distanz: 1 Lichtsekunde

Raumschiff: 599.584,916 km in 3 Sekunden

Tatsächlich legt das Raumschiff jene 599.584,916 Kilometer (aus der Position der Raumfahrer gesehen) nicht in drei Sekunden, sondern (wegen der Verlangsamung des Zeitablaufs im Raumschiff) in einer Sekunde zurück. Daraus ergibt sich quasi eine Reise mit Überlichtgeschwindigkeit. Und weil das Raumschiff mit zwei Drittel der Lichtgeschwindigkeit (2/3 c) das All durchquert, reduziert sich der Zeitablauf im Raumschiff um zwei Drittel (von 3 Sekunden auf eine Sekunde), wobei man die "zwei Drittel der Lichtgeschwindigkeit" nur noch mit dem "Faktor 3" zu multiplizieren braucht.

2
--- c ·3 = 2 c   c ... Lichtgeschwindigkeit
3

Aufgrund der Systematik ist der Multiplikator 3 gleich der Zahl 3 im Nenner, wobei der Zähler 3 - 1 = 2 sein muss. Als Ergebnis erhält man 2 c, wodurch das Raumschiff quasi mit zweifacher Lichtgeschwindigkeit durchs Weltall reist.

- -

Wenn sich das Raumschiff mit fünf Sechstel der Lichtgeschwindigkeit (= 249.827,048 333 ... km/s) von der Sonne entfernt, legt es in sechs Sekunden die Strecke von fünf Lichtsekunden (= 1.498.962,29 km) zurück, während ein Lichtstrahl in sechs Sekunden den Weg von sechs Lichtsekunden (= 1.798.754,748 km) hinter sich bringt.

Licht: 1.798.754,748 km in 6 Sekunden

Distanz: 1 Lichtsekunde

Raumschiff: 1.498.962,290 km in 6 Sekunden

Tatsächlich legt das Raumschiff jene 1.498.962,29 Kilometer (aus Sicht der Astronauten) nicht in sechs Sekunden, sondern (wegen der Verlangsamung des Zeitablaufs im Raumschiff) in einer Sekunde zurück. Daraus ergibt sich gleichsam eine Reise mit Überlichtgeschwindigkeit. Und weil das Raumschiff mit fünf Sechstel der Lichtgeschwindigkeit (5/6 c) durchs All fliegt, reduziert sich der Zeitablauf im Raumschiff um fünf Sechstel (von 6 Sekunden auf eine Sekunde), wobei man die "fünf Sechstel der Lichtgeschwindigkeit" lediglich mit dem "Faktor 6" zu multiplizieren braucht.

5
--- c ·6 = 5 c   c ... Lichtgeschwindigkeit
6

Als Ergebnis erhält man 5 c, wodurch das Raumschiff quasi mit fünffacher Lichtgeschwindigkeit durch den Kosmos gleitet.

- -

Würde ein Raumschiff mit 90 Prozent (= neun Zehntel) der Lichtgeschwindigkeit (= 269.813,212 2 km/s) durchs Weltall fliegen, legt es in zehn Sekunden die Strecke von neun Lichtsekunden (= 2.698.132,122 km) zurück, während ein Lichtstrahl in zehn Sekunden den Weg von zehn Lichtsekunden (= 2.997.924,58 km) hinter sich bringt.

Licht: 2.997.924,580 km in 10 Sekunden

Distanz: 1 Lichtsekunde

Raumschiff: 2.698.132,122 km in 10 Sekunden

In Wahrheit legt das Raumschiff - aus seiner Sichtweise gesehen - jene 2.698.132,122 Kilometer nicht in zehn Sekunden, sondern in einer Sekunde zurück. Daraus ergibt sich gewissermaßen eine Reise durch den Weltraum mit neunfacher Lichtgeschwindigkeit.

$$\frac{9}{10} c \cdot 10 = 9 c$$

c ... Lichtgeschwindigkeit

Wenn ein Raumschiff mit 95 Prozent (= 19/20) der Lichtgeschwindigkeit (= 284.802,835 1 km/s) durchs All fliegt, legt es in zwanzig Sekunden die Strecke von neunzehn Lichtsekunden (= 5.696.056,702 km) zurück, während ein Lichtstrahl in zwanzig Sekunden den Weg von zwanzig Lichtsekunden (= 5.995.849,16 km) hinter sich bringt.

Licht: 5.995.849,160 km in 20 Sekunden

Distanz: 1 Lichtsekunde

Raumschiff: 5.696.056,702 km in 20 Sekunden

In Wahrheit legt das Raumschiff jene 5.696.056,702 Kilometer (aus der Sicht der Raumfahrer) nicht in zwanzig Sekunden, sondern in einer Sekunde zurück. Daraus ergibt sich quasi eine Reise mit neunzehnfacher Lichtgeschwindigkeit.

19
--- c ·20 = 19 c   c ... Lichtgeschwindigkeit
20

- -

Wenn ein Raumschiff mit 99 Prozent (= 99/100) der Lichtgeschwindigkeit (= 296.794,533 42 km/s) durch den Kosmos fliegt, legt es in hundert Sekunden die Strecke von neunundneunzig Lichtsekunden (= 29.679.453,342 km) zurück, während ein Lichtstrahl in hundert Sekunden den Weg von hundert Lichtsekunden (= 29.979.245,8 km) hinter sich bringt.

Licht: 29.979.245,800 km in 100 Sekunden
Distanz: 1 Lichtsekunde
Raumschiff: 29.679.453,342 km in 100 Sekunden

In Wahrheit legt das Raumschiff (in seiner zeitlichen "Dimension") jene 29.679.453,342 Kilometer nicht in hundert Sekunden, sondern in einer Sekunde zurück. Daraus ergibt sich sozusagen eine Reise mit neunundneunzigfacher Lichtgeschwindigkeit.

99
----- c ·100 = 99 c   c ... Lichtgeschwindigkeit
100

99 c entspricht somit 29.679.453,342 km/s

- -

Wäre nicht nur das Licht, sondern - theoretisch - auch das Raumschiff mit Lichtgeschwindigkeit unterwegs, könnten der Lichtstrahl und das Raumschiff niemals die Distanz von 299.792,458 Kilometer (= eine Lichtsekunde) zwischen sich bringen, die zur Anwendung jener Formel (für die einfache Berechnung der Zeitdilatation) notwendig ist.

Trotzdem könnte man mit einem simplen Trick einen Berechnungsversuch wagen. Würde sich das Raumschiff nur um einen minimalen (eigentlich nicht messbaren) Hauch langsamer als das Licht durch das Universum bewegen, kann es im weitesten entfernten Punkt - also in der Unendlichkeit - dazu kommen, dass der Abstand zwischen dem Lichtstrahl und dem Raumschiff eine Lichtsekunde (= 299.792,458 Kilometer) ausmacht, um letzten Endes doch noch die Zeitdilatationsformel anwenden zu können.

$$\frac{\text{unendlich} - 1}{\text{unendlich}}\, c \cdot \text{unendlich} = (\text{unendlich} - 1)\, c = \text{unendlich km/s}$$

Das Ergebnis der Berechnung lautet: Das Raumschiff fliegt mit unendlich hoher Geschwindigkeit durch das Weltall - allerdings **nur aus der Sicht** des Raumschiffs bzw. seiner Insassen gesehen.

Dennoch gibt es bei diesem Beispiel einige Schönheitsfehler. Erstens kann Materie (wie ein Raumschiff) keine Lichtgeschwindigkeit erreichen. Zweitens ist die Berechnung von

$$\frac{\text{unendlich}}{\text{unendlich}} \quad \text{oder} \quad \frac{\text{unendlich} - 1}{\text{unendlich}}$$

(angeblich) nicht erlaubt. Doch durch das Kürzen (oder durch simples Weglassen von "unendlich" sowohl im Zähler als auch im Nenner) könnte man dieses (angebliche) Verbot umgehen. Als Resultat ergibt sich:

$$\frac{\text{unendlich} - 1}{\mathbf{1}}\, c \cdot \mathbf{1}$$

..., wobei die **fettgedruckten** Einser für das vormalige "unendlich" stehen. Und weil ...

$$(\text{unendlich} - 1) \cdot c = \text{unendlich} \cdot c$$

... entspricht, ist das Resultat eine unendlich hohe Geschwindigkeit, der das Raumschiff ausgesetzt wäre, wenn es keine Materie darstellen würde. Im

Gegensatz zu dem Raumschiff ist das Licht jedoch immateriell und reist sehr wohl mit Lichtgeschwindigkeit durch das Universum. Und deshalb ist der Lichtstrahl mit unendlich hoher Geschwindigkeit unterwegs - allerdings **nur** aus der Position des Lichtstrahls gesehen.

- -

Tabellarische Zusammenfassung:

Fliegt man mit	50 %	c, reist man quasi mit	einfacher	c.
	66,666 666 ... %		zweifacher	
	75 %		dreifacher	
	80 %		vierfacher	
	85,714 285 714 285 ... %		sechsfacher	
	90 %		neunfacher	
	95 %		19-facher	
	99 %		99-facher	
	99,9 %		999-facher	
	99,99 %		9.999-facher	

- -

Nach all diesen aufschlussreichen Beispielen muss trotzdem noch einmal eindringlich darauf hingewiesen werden, dass es sich hier nicht um eine ***klassische Reise*** mit Überlichtgeschwindigkeit handelt, weil solche ***klassischen Reisen*** grundsätzlich unmöglich sind. Einzig und allein dadurch, dass ein Objekt (z. B. ein Raumschiff) mit mehr als halber Lichtgeschwindigkeit im Weltraum unterwegs ist, ergibt sich lediglich durch den verlangsamten Zeitablauf im Raumschiff **der Effekt einer so genannten Reise mit Überlichtgeschwindigkeit**. Und nur dieser (real existierende) Effekt ist gleichbedeutend mit einer Reise jenseits der Lichtgeschwindigkeit.

Diese Aussage mag auf den ersten Blick verwirrend klingen, obwohl sie es in Wahrheit nicht ist. Sie stellt bloß eine präzise formulierte und völlig korrekte Tatsache dar. In dieser Hinsicht sind schlecht formulierte Äußerungen von Experten oder sogar falsche Behauptungen für die Allgemeinheit weitaus verwirrender. Eine solche immer wiederkehrende unrichtige Behauptung stellt folgendes Beispiel dar:

"Reisen zu einem 900 Lichtjahre entfernten Sonnensystem sind nicht möglich. Selbst wenn man (in einem Raumschiff) mit Lichtgeschwindigkeit dorthin fliegen würde, bräuchte man 900 Jahre."

Wenn ein Raumschiff zu einem 900 Lichtjahre entfernten Sonnensystem tatsächlich mit Lichtgeschwindigkeit unterwegs sein könnte, fände im Raumschiff gar kein Zeitablauf statt (Zeit t = 0), wodurch eine Reise ohne Zeitverlust zwischen den Sonnensystemen möglich wäre. Und der - während jener Reise - vorhandene Zeitablauf von 900 Jahren auf der Erde ist für die Reisenden im Raumschiff (prinzipiell) uninteressant. Alleine deshalb wird die oben angeführte Behauptung Lügen gestraft.

Überdies ist nun einmal Tatsache, dass Materie (wie ein Raumschiff) Lichtgeschwindigkeit grundsätzlich nicht erreichen kann. Allerdings könnte man mit Beinahe-Lichtgeschwindigkeit (von etwa 295.000 km/s) - **wegen der immensen Verlangsamung des Zeitablaufs in einem Raumschiff** - durchaus ohne 'großen' Zeitverlust von Sonnensystem zu Sonnensystem reisen. Aufgrund dessen wird jede Äußerung von der angeblichen "Nicht-Bewältigung von enormen Distanzen für alle Ewigkeit" endgültig ad absurdum geführt.

Einige Beispiele zu diesem Thema:

Würde ein Lichtstrahl die Distanz von 900 Lichtjahren zurücklegen, benötigt er für diese Reise einen zeitlichen Aufwand von 0,0 Sekunden, da der Lichtstrahl mit Lichtgeschwindigkeit unterwegs ist. Aber auf der Erde wären inzwischen 900 Jahre vergangen, während in einem Raumschiff, das mit 90 Prozent der Lichtgeschwindigkeit durchs Weltall fliegt, genau hundert Jahre vergangen wären.

900 Lichtjahre = 900 · 299.792,458 · 365,242 2 · 24 · 60 · 60 =
= 8.514.475.592.802.754,176 km (= 8,5 Billiarden Kilometer)

Berechnung für das Raumschiff (aus Sicht der Erde):

Weg = Geschwindigkeit · Zeit $\qquad$ $s = v \cdot t$

8,514 Billiarden km = 269.813,212 2 km/s · t

$$t = \frac{8.514.475.592.802.754{,}176 \text{ km}}{269.813{,}212\,2 \text{ km/s}} =$$

t = 31.556.926.080 s = 1.000 Jahre

Aus Sicht der Erde würde das Raumschiff für diese Reise tausend Jahre benötigen. Aus der Perspektive der Raumfahrer wären diese genau hundert Jahre gealtert und hätten nur hundert Jahre für ihren Flug gebraucht.

Eine andere Rechenmethode (zum besseren Verständnis):

1 L .... 1 c .... einfache Lichtgeschwindigkeit

1 LJ .... 1 Lichtjahr

Die Reise des Lichtstrahls - aus Sicht der Erde - dauert ...

s = v · t = 900 LJ = 1 L · 900 J ---> t = ... **900 Jahre**

Die Reise des Raumschiffs - aus Sicht der Erde - dauert ...

s = v · t = 900 LJ = 0,90 L · 1.000 J ---> t = ... **1.000 Jahre**

Die Reise des Lichtstrahls - aus Sicht des Lichts - benötigt ...

s = v · t = 900 LJ = unendlich L · 0 J ---> t = ... **0,0 Jahre**

(Diese Berechnung ist Bestandteil der immateriellen Welt. Die Erläuterung dieses Ergebnisses erfolgt weiter unten.)

Die Reise des Raumschiffs - aus Sicht der Raumfahrer - beträgt ...

s = v · t = 900 LJ = 9 L · 100 J ---> t = ... **100 Jahre**

- -

Flöge das Raumschiff mit 95 Prozent der Lichtgeschwindigkeit, ergeben sich folgende Resultate:

Die Reise des Lichtstrahls - aus Sicht der Erde - dauert ...

... nach wie vor **900 Jahre**.

Die Reise des Raumschiffs - aus Sicht der Erde - dauert ...

s = v · t = 900 LJ = 0,95 L · 947,368 421 J ---> t = ... **947,368 Jahre**

Die Reise des Lichtstrahls - aus Sicht des Lichts - ergibt ...

... nach wie vor **0,0 Jahre**.

Die Reise des Raumschiffs - aus Sicht der Raumfahrer - beträgt ...

s = v · t = 900 LJ = 19 L · 47,368 421 J ---> t = ... **47,368 Jahre**

- -

Flöge das Raumschiff mit 99 Prozent der Lichtgeschwindigkeit, zeigen sich folgende Resultate:

Die Reise des Lichtstrahls - aus Sicht der Erde - dauert ...

... nach wie vor **900 Jahre**.

Die Reise des Raumschiffs - aus Sicht der Erde - dauert ...

$s = v \cdot t = 900 \text{ LJ} = 0{,}99 \text{ L} \cdot 909{,}090\,909 \ldots \text{ J}$ ---> $t = \ldots$ **909,091 Jahre**

Die Reise des Lichtstrahls - aus Sicht des Lichts - ergibt ...

... nach wie vor **0,0 Jahre**.

Die Reise des Raumschiffs - aus Sicht der Raumfahrer - beträgt ...

$s = v \cdot t = 900 \text{ LJ} = 99 \text{ L} \cdot 9{,}090\,909 \ldots \text{ J}$ ---> $t = \ldots$ **9,091 Jahre**

Weitere Beispiele zur Relativität

Zur Vereinfachung wurde in den folgenden Beispielen - in erster Linie bei den Erläuterungen - die Lichtgeschwindigkeit mit 300.000 km/s angenommen.

Wenn eine (fiktive) Sonne mit 200.000 km/s direkt auf die Erde zurast, würde das Licht, das diese Sonne - in einer Entfernung von 600.000 Kilometer - abstrahlt, erst in (rund) 2 Sekunden auf der Erde eintreffen. Wir würden also auf unserem Planeten die herannahende Sonne in einer Entfernung von 600.000 Kilometer sehen - eine Entfernung, die jene Sonne aber tatsächlich vor 2 Sekunden gehabt hat. In Wahrheit ist uns die Sonne in diesen 2 Sekunden um weitere 400.000 Kilometer näher gerückt. Sie befindet sich somit nur noch 200.000 Kilometer von uns entfernt - und wird nach einer weiteren Sekunde mit der Erde kollidieren und unseren Planeten zerstören, wie anhand des folgenden Diagramms zu sehen ist.

Distanz des Todessterns zur Erde			Das Licht trifft nach x Sekunden auf die Erde	Wahre Distanz zu jener Zeit
aktuell:	600.000 km	--->	x = 2 Sekunden	200.000 km
in 1 Sekunde:	400.000 km			
in 2 Sekunden:	200.000 km	--->	x = 0,667 Sekunden	66.666,666 km
in 2,666 ... Sek.:	66.666,666 km	--->	x = 0,222 Sekunden	22.222,222 km
in 2,888 ... Sek.:	22.222,222 km	--->	x = 0,074 1 Sekunden	7.407,407 km
in 2,962 9 Sek.:	7.407,407 km	--->	x = 0,024 7 Sekunden	.
.	.		.	.
.	.		.	.
.	.		.	.
in 3 Sekunden:	0 km	--->	x = 0 Sekunden	0 km

Hätte diese (fiktive) Sonne eine Geschwindigkeit von 300.000 km/s, und wäre sie 600.000 Kilometer von uns entfernt, würde das von der Sonne abgestrahlte Licht 2 Sekunden später auf der Erde eintreffen. Für die Menschen auf der Erde sähe es so aus, als würde die Sonne noch 600.000 Kilometer entfernt sein. Aber in Wahrheit ist sie (in diesen 2 Sekunden) bereits um 600.000 Kilometer weitergereist und würde im selben Augenblick mit der Erde kollidieren. Und nun ergibt sich ein Problem. Einerseits sehen die Menschen auf der Erde das von der Sonne abgestrahlte Licht eintreffen, welches aufzeigt, dass die Sonne noch 600.000 Kilometer entfernt ist. Andererseits stellen die Menschen fest, dass diese Sonne bereits mit der Erde zusammenstößt. Klarerweise stimmt hier irgendwas nicht. Die Menschen auf der Erde können nicht zwei unterschiedliche Zustände jener heranrasenden Sonne gleichzeitig wahrnehmen. Solch ein "Doppel-Ereignis" ist völlig abnorm und absolut unmöglich. Dennoch ist der Fehler leicht zu lokalisieren. Der auf die Erde zurasende Stern kann gar nicht mit Lichtgeschwindigkeit unterwegs sein, weil er Materie darstellt (und somit Masse hat), welche niemals die Geschwindigkeit des Lichts erreichen kann. Das Ergebnis dieses (fiktiven) Beispiels ist nur ein Grund mehr, dass kein Objekt (bzw. Subjekt) jemals eine so hohe Geschwindigkeit erzielen kann.

Würde diese (fiktive) Sonne sogar mit 600.000 km/s durch das Weltall fliegen und direkten Kurs auf die Erde nehmen, würde die Erde vernichtet, ohne dass die Menschen je eine Chance hatten, dieses zerstörerische Objekt - ***vor*** der entsprechenden Kollision - in irgendeiner Weise wahrzunehmen. Wäre diese Sonne 900.000 Kilometer von der Erde entfernt, würde ihr Licht 3 Sekunden später auf der Erde eintreffen. Allerdings würde die Erde zu diesem Zeitpunkt gar nicht mehr existieren, da sie bereits 1,5 Sekunden vorher ausgelöscht worden wäre. Bei einer Entfernung von z. B. 1.500.000 Kilometer zur Erde würde ihr Licht 5 Sekunden bis zum Eintreffen auf der Erde benötigen, wobei unser Planet schon 2,5 Sekunden zuvor ebenso ausradiert worden wäre. Dieses Beispiel stellt allerdings nur eine unsinnige Utopie dar.

Viel wichtiger ist aber die erneut gewonnene Erkenntnis, dass Materie nicht so schnell wie das Licht sein kann, wie durch das "Doppel-Ereignis" verständlich erläutert werden konnte.

Es folgt ein weiteres Beispiel.

Mit der Annahme einer auf die Erde zurasenden Sonne wird nun eine weitere Eigenart der Relativität aufgezeigt. Sollte diese Sonne mit Beinahe-Lichtgeschwindigkeit von 299.000 km/s unterwegs sein und wäre sie z. B. 598.000 Kilometer von der Erde entfernt, ergibt sich folgendes Bild:

Aufprall in ... Sekunden	Sonnendistanz zur Erde	Licht trifft nach x Sek. auf die Erde	Wahre Distanz zu jener Zeit
2 Sekunden	598.000 km	x = 1,994 713 289 s	1.580,726 503 8 km
0,005 286 71 s	1.580,726 503 8 km	x = 0,005 272 736 s	4,178 421 87 km

Bei einer Entfernung von nur noch 598.000 Kilometer würde ein Zusammenprall mit unserem Planeten in genau zwei Sekunden erfolgen. Zu diesem Zeitpunkt, wo die Sonne noch 598.000 Kilometer von uns entfernt zu sein scheint, ist sie der Erde in Wirklichkeit bis auf 1.580,7 Kilometer nahe gekommen. Nur das verspätet eintreffende Licht gaukelt einen Stern in 598.000 Kilometer Entfernung vor. Dieses Licht eines (angeblich) 598.000 Kilometer entfernten Sterns trifft erst nach 1,994 7 Sekunden auf unseren Planeten ein. Obwohl wir glauben, die Kollision würde erst in zwei Sekunden vonstatten gehen, geschieht sie tatsächlich in 0,005 Sekunden. Nun könnte jedermann einwenden, es sei völlig egal, ob die Katastrophe in zwei Sekunden oder bereits in 5 Tausendstelsekunden passiert. Allerdings soll es hier nicht vorrangig um diesen Effekt gehen - und schon gar nicht um solch geringe Zeitabstände, die bloß vom eigentlichen Problem ablenken. Deshalb zum nächsten Beispiel.

Wäre die Sonne noch 598.000.000 Kilometer von der Erde entfernt, ergibt sich folgendes Szenario:

Aufprall in ... Sekunden	Sonnendistanz zur Erde	Licht trifft nach x Sek. auf die Erde	Wahre Distanz zu jener Zeit
2.000 s	598.000.000 km	x = 1.994,713 289 s	1.580.726,503 8 km

5,286 71 s	1.580.726,503 800 km	x = 5,272 736 s	4.178,42 km
0,013 97 s	4.178,421 872 km	x = 0,013 938 s	11,04 km

Bei einer Distanz von 598 Millionen Kilometer zur heranrasenden Sonne wird sich der Zusammenstoß mit der Erde erst in 2.000 Sekunden (= 33 Minuten und 20 Sekunden) ereignen. Diese 33 1/3 Minuten sind im Vergleich zu jenen läppischen 2 Sekunden eine ziemlich lange Zeitspanne. Doch das Dilemma ist, dass diese Sonne, die noch 598 Millionen Kilometer entfernt zu sein scheint, im Moment des Eintreffens ihrer Strahlen auf der Erde lediglich 1,58 Millionen Kilometer von uns weg ist, weil das entsprechende Licht 1.994,7 Sekunden bis zu uns braucht. Tatsächlich bleiben 5,286 Sekunden bis zu unserer Vernichtung. Die wahre Entfernung der Sonne nach 1.994,7 Sekunden beträgt also nur noch 1,58 Millionen Kilometer. Und das Licht der Sonne aus dieser Entfernung trifft bereits nach 5,27 Sekunden auf der Erde ein. In solch einem Augenblick, der für die Menschen wiederum viel zu spät kommt, wird einem erst bewusst, dass der heranrasende Stern sich in der Endphase vor dem Aufprall gigantisch beschleunigt haben muss, was jedoch nicht wirklich der Fall ist. Um einiges besser wird es beim nächsten Beispiel ersichtlich.

Wäre die Sonne 5.980.000 000 Kilometer von der Erde entfernt, zeigt sich folgendes Bild:

Aufprall in ... Sekunden	Sonnendistanz zur Erde	Licht trifft nach x Sek. auf die Erde	Wahre Distanz zu jener Zeit
20.000 s	5.980.000.000 km	x = 19.947,132 89 s	15.807.265,038 km
52,867 s	15.807.265,038 001 km	x = 52,727 36 s	41.784,218 7 km
0,139 s	41.784,218 726 km	x = 0,139 38 s	110,450 5 km

Bei einer Distanz von 5,98 Milliarden Kilometer zu jener Sonne würde sich die Kollision mit der Erde in 20.000 Sekunden ereignen. Da aber das Licht aus 5,98 Milliarden Kilometer Entfernung 19.947 Sekunden bis zu uns braucht, ist die Sonne zum Zeitpunkt dieser Erkenntnis nur noch 15,8 Millionen Kilometer von uns entfernt. Uns blieben also immerhin 52,8 Sekunden für den Rest unserer Existenz.

Im vorigen Beispiel glaubten wir, der Stern wäre über 33 Minuten entfernt, und waren 5 Sekunden später tot. In diesem Beispiel glaubten wir, dieser Stern wäre sogar über 5 Stunden und 33 Minuten entfernt, und stehen vor der Situation, dass in nicht einmal 53 Sekunden alles vorbei sein wird. Die mit unglaublicher Geschwindigkeit heranbrausende Sonne scheint unmittelbar vor dem Zusammenstoß mit der Erde gigantisch beschleunigt zu haben, was aber nicht der Fall ist. Einzig und allein das Licht benötigt eine sehr lange Zeit bis zum Eintreffen auf der Erde. Werden die entsprechenden Distanzen kürzer und kürzer, trifft auch das Licht der Sonne immer früher auf unserem Planeten ein und gaukelt uns eine überdimensionale Zunahme des Tempos des Todessterns vor, der allem voran mit hypergigantischer Überlichtgeschwindigkeit unterwegs zu sein scheint, was ebenso nicht der Fall ist.

Wir glaubten, dass der Stern noch 5,98 Milliarden Kilometer entfernt wäre und uns erst in 20.000 Sekunden erreichen würde. 52,7 Sekunden später vermeldeten die eintreffenden Lichtstrahlen, der Todesstern sei nur mehr 15,8 Millionen Kilometer entfernt. Demzufolge hätte der Stern kurz vor der Kollision mit der Erde unglaublich beschleunigen müssen. Die genauen Daten lauten:

Angeblicher Weg = 5.980 Mill. km - 15,807 265 038 Mill. km (in 52,727 360 5 Sekunden)

v = s / t = 5.964.192.734,962 km / 52,727 360 5 s = **113.113.811,85 km/s**

Die Geschwindigkeit des Todessterns hätte (gemutmaßte 52,867 10 Sekunden vor dem Zusammenstoß) unvorstellbare 113,1 Millionen Kilometer pro Sekunde erzielt, was das 377,3-fache der Lichtgeschwindigkeit darstellen würde. Allerdings kann Materie die Geschwindigkeit des Lichts nie erreichen. Tatsächlich hatte der Stern (52,867 Sekunden vor dem Aufprall) eine Distanz von 15,8 Millionen Kilometer zur Erde - statt jener 5,98 Milliarden Kilometer. 52,727 Sekunden später war der Stern nur noch 41.784,218 Kilometer von unserem Planeten entfernt - statt jener 15,8 Millionen Kilometer.

Die richtige Berechnung lautet:

Realer Weg = 15.807.265,038 ... km - 41.784,218 726 ... km (in 52,727 360 5 s)

v = s / t = 15.765.480,819 274 ... km / 52,727 360 5 s = **299.000 km/s**

Aufgrund der korrekten Berechnung ist die Illusion jener angeblichen Beschleunigung des Todessterns auf eine gigantische Überlichtgeschwindigkeit nun vollends als falsch entlarvt worden. Dennoch wird man bei der Ermittlung von immensen Entfernungen oder Geschwindigkeiten im Weltall immer wieder diesen Irrtümern in der einen oder anderen Weise erliegen.

Der gleiche Effekt tritt auch bei weitaus langsameren Geschwindigkeiten auf. Wenn ein Asteroid in einer Entfernung von 600.000 Kilometer Richtung Erde fliegt, dann benötigt das von ihm reflektierte Licht zwei Sekunden, bis es auf unserem Planeten eintrifft. Der Asteroid scheint aktuell 600.000 Kilometer entfernt zu sein, war es aber in Wahrheit vor zwei Sekunden. Sollte der Asteroid nur noch 300.000 Kilometer von der Erde entfernt sein, beträgt die verspätete Wahrnehmung auf unserer Netzhaut nur noch eine Sekunde. Es entsteht der Eindruck, als würde der Asteroid in der Endphase (vor seinem Aufprall auf der Erde) beschleunigen, was - diesbezüglich - ein Trugschluss ist. Bei einer Entfernung von 150.000 Kilometer beträgt die Diskrepanz nur noch eine halbe Sekunde. Der Asteroid scheint immer mehr an Geschwindigkeit zuzulegen. Zwar bewirken die Gravitationskräfte der Erde tatsächlich eine Beschleunigung des Felsbrockens, doch die beständig kürzer werdenden Distanzen des reflektierten Lichts (und die somit immer geringeren verspäteten Wahrnehmungen) gaukeln uns eine 'übermäßige' Beschleunigung des Asteroiden vor, die so eigentlich nicht stattfindet und deshalb eine Irreführung darstellt.

Nur ein außenstehender Beobachter, der den Asteroideneinschlag auf der Erde von der Seite (und somit in stets gleicher Entfernung) wahrnehmen würde, bemerkt diesbezüglich keine übermäßige Beschleunigung des Asteroiden - abgesehen von der normalen Geschwindigkeitszunahme des Asteroiden aufgrund der Erdgravitation. Allerdings sollte hinzugefügt werden, dass bei den üblichen Asteroiden- und Kometengeschwindigkeiten dieser Effekt (unmittelbar vor dem Aufprall) vernachlässigbar gering ist.

Ähnlich verhält es sich auf der Erde, da sich das Licht vom Ort des Geschehens bis zum Auge des Betrachters erst einmal ausbreiten muss. Zwar ist die Geschwindigkeit des Lichts in der Atmosphäre nur um einen Bruchteil geringer als im Vakuum, dennoch würde man einen Autounfall in 331 Meter Entfernung nicht zeitgleich, sondern um eine Nuance - nämlich um eine Millionstelsekunde (genau 0,000 001 104 ... Sekunden) - später miterleben, während der Knall der Unfallautos sogar eine Sekunde braucht, um beim Unfallzeugen anzukommen. Aus diesem Grund sind auch Sportübertragungen im Fernsehen (etwa über Satellit) niemals live, sondern z. B. um eine halbe Sekunde zeitversetzt. Ebenso kann eine Rede von einem Festredner auf der Bühne mittels Kamera "live" aufgenommen und über Monitore mehrerer Computer nacheinander ausgestrahlt werden. Die zeitlichen Verspätungen betragen dabei nicht selten etliche Sekunden. Da kann es durchaus vorkommen, dass der Redner seinen Vortrag bereits beendet hat, während er in einem angrenzenden Zimmer noch fleißig auf einem Monitor am Plaudern ist - und womöglich ertappt sich der Festredner etwas verblüfft bei seinen eigenen Schlussworten.

Ein anderes Beispiel zur verspäteten Wahrnehmung

Wenn bei einem stehenden Zug die hintere und vordere Spiegelwand eines Waggons 60 Meter voneinander entfernt sind, wobei in der Mitte des Waggons eine Lichtquelle platziert und anschließend eingeschaltet wird, dann benötigt das Licht (im Vakuum) für die 30 Meter zur Wand 0,000 000 100 069 228 559 445 ... Sekunden und für die 30 Meter zurück zur Lichtquelle abermals die gleiche Zeit - also insgesamt 0,000 000 200 138 457 118 891 ... Sekunden für 60 Meter. Wären die beiden Wände 299.792,458 Kilometer auseinander, bräuchte ein Lichtstrahl von der Lichtquelle zur Wand und zurück zur Lichtquelle insgesamt eine Sekunde.

Für ein Experiment (von Albert Einstein) ist derselbe Zug jedoch mit einer bestimmten Geschwindigkeit unterwegs, wobei in der Mitte des Waggons gleichfalls eine Lichtquelle aufgestellt und anschließend eingeschaltet wird. Da der Zug vorwärts fährt, treffen die Lichtstrahlen am hinteren Ende des Waggons früher ein als am vorderen Ende. Dieses Ereignis könnte ein außenstehender Beobachter sofort bestätigen, während für den Beobachter im Waggon, der sich auf Höhe der Lichtquelle befindet, beide Wände gleichzeitig von den Lichtstrahlen beleuchtet werden.

Nun kann sich jedermann vorstellen, dass es sich bei diesem Beispiel mit dem Zug aufgrund der hohen Geschwindigkeit des Lichts um extrem geringe Zeiten und vor allem um äußerst minimale Zeitunterschiede handelt, worunter die Anschaulichkeit dieses Experiments sehr leidet. Allerdings kann man diesen Versuch auch mit einem im Weltall fliegenden Raumschiff durchführen, um insbesondere die gleichzeitige Beleuchtung des hinteren und vorderen Endes des Raumschiffs (für einen in der Raumschiffmitte befindlichen Beobachter) verständlich zu erklären.

Zwecks optimaler Anschaulichkeit wird die Lichtgeschwindigkeit mit genau 300.000 km/s angenommen, während das Raumschiff (mit einer Länge von 600.000 Kilometer) mit 150.000 km/s im All unterwegs ist. Die Lichtquelle befindet sich in der Mitte des Raumschiffs an der Position A und strahlt (nach dem Einschalten) das Licht in alle Richtungen ab, wobei für unser Experiment lediglich die Lichtstrahlen von Interesse sind, die nach hinten und nach vorne leuchten.

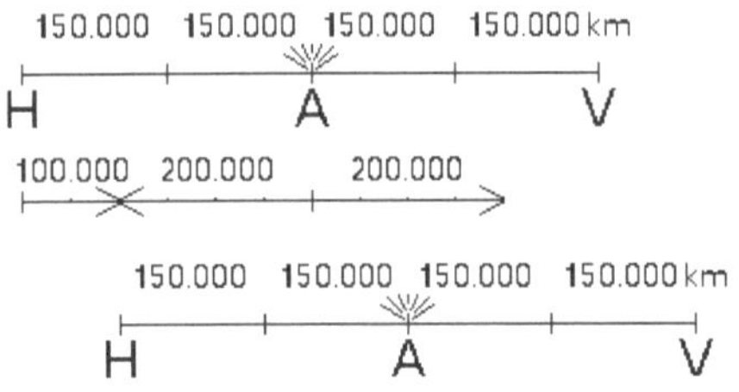

Mit dem Tempo von 150.000 km/s legt das Raumschiff in 0,666 666 ... Sekunden genau 100.000 Kilometer zurück, während das Licht von der Position A ausgehend in 0,666 666 ... Sekunden nach vorne und hinten inzwischen 200.000 Kilometer weit gestrahlt hat. Und weil sich das hintere Ende des Raumschiffs in jenen 0,666 666 ... Sekunden 100.000 Kilometer vorwärts bewegt hat, treffen bereits die ersten Lichtstrahlen auf dieser Wand ein.

Obwohl die ersten Lichtstrahlen das hintere Ende schon nach 0,666 666 ... Sekunden erreicht haben, hat der Beobachter in der Raumschiffmitte von diesem Vorgang noch nichts mitbekommen, weil das Erhellen jener Wand bisher nicht auf der Netzhaut seiner Augen angekommen ist. Das Licht muss also zusätzlich den Weg zurück zum Beobachter hinter sich bringen, was noch etwas Zeit in Anspruch nimmt.

Auf der vorderen Wand, die sich (während jener 0,666 666 ... Sekunden) um 100.000 Kilometer nach vorne verlagert hat, sind die entsprechenden Lichtstrahlen noch nicht eingetroffen. Allerdings haben sie sich dem vorderen Ende mittlerweile um 100.000 Kilometer genähert.

Erst nach weiteren 1,333 333 ... Sekunden trifft auch das nach vorne abgestrahlte Licht auf der Wand des Raumschiffs ein. Das Licht hat nun - nach insgesamt zwei Sekunden - 600.000 Kilometer zurückgelegt, während das Raumschiff 300.000 Kilometer hinter sich gelassen hat. Am hinteren Ende des Raumschiffs hat das Licht in jenen 1,333 333 ... Sekunden auf dem Weg in Richtung Netzhaut des Beobachters (im Punkt A) in der Zwischenzeit 400.000 Kilometer zurückgelegt, während auch die Raumfähre 200.000 Kilometer weiter geflogen ist.

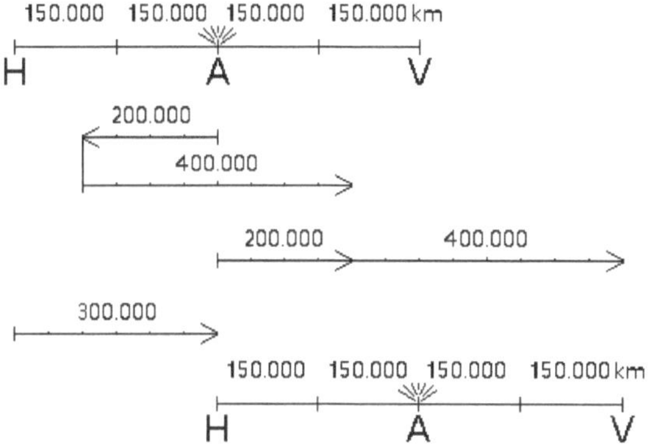

Nach zusätzlichen 0,666 666 ... Sekunden wird für den Beobachter im Punkt A endlich das Erleuchten der hinteren Wand des Raumschiffs sichtbar. Bezüglich des vorderen Endes wird ebenso nach insgesamt 2,666 666 ... Sekunden dessen Aufleuchten für den Beobachter (im Punkt A) erkennbar.

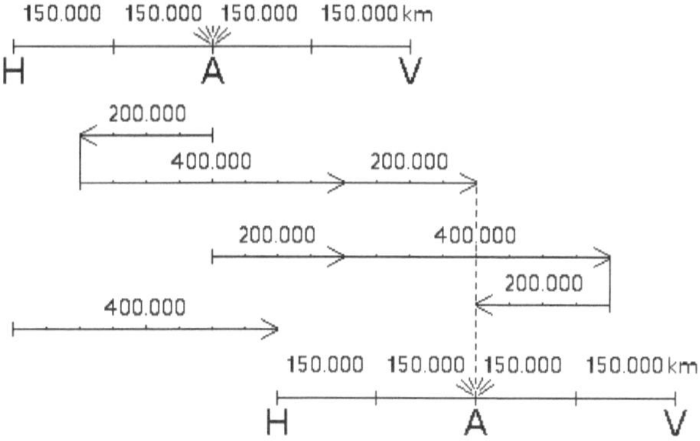

Einerseits benötigt das Licht bis zum Erreichen der hinteren Raumschiffwand nur zwei Drittel einer Sekunde, andererseits für den Weg zurück zum Beobachter umso länger - nämlich zwei Sekunden. Für das Auftreffen der Lichtstrahlen am vorderen Ende braucht das Licht zwei Sekunden, aber für den Weg zur Netzhaut des Beobachters nur noch zwei Drittel einer Sekunde. Dadurch erklärt sich, dass die Lichtstrahlen für den im Punkt A befindlichen Beobachter gleichzeitig bei den Raumschiffwänden ankommen, was in Wirklichkeit nicht der Fall ist.

Für den außenstehenden Beobachter im Punkt Z muss berücksichtigt werden, dass er sich - zusätzlich zum früheren Eintreffen der Lichtstrahlen am hinteren Ende des Raumschiffs (bzw. des Zugs) - näher am hinteren Ende als am vorderen Ende befindet. Alleine in dieser Hinsicht werden die Lichtstrahlen für ihn das hintere Ende stets früher zum Erhellen bringen, was eine eindeutige Schwachstelle in Einsteins Überlegungen ist. Somit müsste der außenstehende Beobachter im Punkt Z während des gesamten Versuchs einen konstanten Abstand zur Lichtquelle im Punkt A aufweisen. Ein paralleles Mitreisen mit dem Raumschiff (bzw. mit dem Zug) ist dennoch nicht die Lösung des Problems - und hätte nur einen ähnlichen Effekt wie beim Beobachter im Punkt A zur Folge.

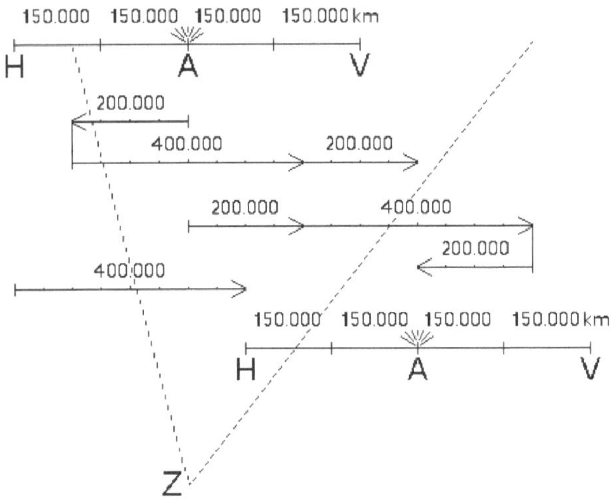

Exkurs: Die Coriolis-Kraft

Wenn ein Schwimmer einen 15 Meter breiten Fluss mit einer Fließgeschwindigkeit von 3 Meter pro Sekunde überqueren will, wobei er für jeden zurückgelegten Quer-Meter (der insgesamt 15 Meter) 2 Sekunden benötigt, dann würde der Schwimmer das andere Flussufer nach 30 Sekunden erreicht haben und dabei insgesamt 90 Meter abgetrieben worden sein. Aufgrund der Strömung des Flusses wird die Person somit nicht auf selber Höhe, sondern 90 Meter flussabwärts wieder an Land gehen. Das heißt: Eine Person, die sich im Element Wasser befindet, wäre zur Gänze der Eigengeschwindigkeit des fließenden Wassers und den daraus resultierenden Konsequenzen unterworfen.

Durchmesser der Erde von Pol zu Pol:	12.714 Kilometer
Durchmesser der Erde am Äquator:	12.756,28 Kilometer

Eine Person, die sich am Äquator unseres Planeten befindet, ist durch die Drehung der Erde um die Achse einer Geschwindigkeit von 1.674,364 7 km/h bzw. 465,1 m/s ausgesetzt.

Eine ganze Erdumdrehung dauert 23 Stunden 56 Minuten und 4,1 Sekunden (= 86.164,1 Sekunden).

U = 2r · Pi = 12.756,28 km · 3,141 592 65 ... = 40.075,035 535 km (= Erdumfang am Äquator)

$$\frac{40.075{,}035\ 535\ \text{km}}{86.164{,}1\ \text{s}} = 0{,}465\ 101\ 307\ 098\ 9\ \text{km/s} = 1.674{,}364\ 705\ 556\ \text{km/h}$$

Aufgrund der Rotation der Erde beträgt die Geschwindigkeit am Äquator 465,1 Meter pro Sekunde, während am Nord- bzw. Südpol keine diesbezügliche Geschwindigkeit vorhanden ist. An den Polen findet lediglich eine einzige Umdrehung in 23 Stunden 56 Minuten und 4,1 Sekunden statt. Der Punkt des Nordpols bzw. des Südpols dreht sich somit nur im Kreis.

Anhand des Beispiels mit dem Schwimmer könnte man nachvollziehen, dass man am Äquator bloß einen Stein für eine Sekunde in die Luft werfen müsste, und danach landet der Stein - wegen der Erddrehung in Richtung Osten - um 465,1 Meter weiter westlich. Wenn also ein Kenianer einen Versuch wagen würde und jemandem einen Stein auf den Kopf schmeißen will, braucht er sich bloß 465,1 Meter östlich von der entsprechenden Person aufstellen, einen Stein für eine Sekunde in die Luft werfen – und schon knallt er auf den Kopf ... der falschen Person.

Diesen Fehlschlag - eines eher ungewöhnlichen Versuchs - hätte man auch auf harmlosere Weise herausfinden können. So bräuchte eine Person am Äquator - der Erkenntnis aus dem Schwimmexperiment folgend - lediglich für eine Sekunde in die Höhe zu springen, um (wegen der Erddrehung in Richtung Osten) 465,1 Meter weiter westlich wieder zu landen. Da jedoch dieses harmlosere Sprung-Experiment in Wahrheit nicht funktioniert, hätte man sehr einfach zu dem Schluss kommen können, dass auch der Selbstversuch mit dem Stein nicht funktionieren hätte dürfen. Es bleibt nur noch die Frage zu klären, warum dies so ist.

Die Menschen auf der Erdoberfläche sind der gleichen Rotationsgeschwindigkeit unseres Planeten unterworfen wie der Boden unter ihren Füßen. Deshalb kann diesbezüglich die Rotationsgeschwindigkeit für eine Person auf der Erde keine weitere Auswirkung mehr haben. Schlussendlich merken wir überhaupt nichts von jener Eigenbewegung der Erde, weil wir diese Bewegung voll und ganz mitmachen. Wenn aber die Erde die Rotationsgeschwindigkeit ändern (also bremsen oder beschleunigen) sollte, würden wir diese Änderung der Geschwindigkeit durchaus bemerken. Zum Beispiel, wenn der Mond mit der Erde kollidieren würde, käme es nicht nur zu einer Abbremsung der Rotationsgeschwindigkeit, sondern zusätzlich würde unser Planet auch eine Änderung der Reisegeschwindigkeit um die Sonne erfahren.

Anders sieht es bei einem Fluss aus, der zur rotierenden Erdoberfläche (einer Kraft, die keine Auswirkung mehr hat, weil der Fluss diese Bewegung ohnehin von Natur aus mitmacht) zusätzlich in Bewegung ist. In solch einem Fluss gilt natürlich das Gesetz der Fließkraft, weshalb jeder darin befindliche Körper abgetrieben wird.

Allerdings gibt es bezüglich der Rotationsgeschwindigkeit unseres Planeten sehr wohl einen erwähnenswerten Punkt, der die bisherigen Erkenntnisse etwas relativiert. Da die Erde eine Drehung um die eigene Achse (also entlang des Äquators bzw. sämtlicher Breitenkreise) vollführt, ist es einleuchtend, dass die Rotationsgeschwindigkeit am Äquator - dem längsten Breitenkreis - mit 465,1 m/s am größten ist, während diese Geschwindigkeit in Richtung Nord- bzw. Südpol immer geringer wird. Daraus resultierend müsste man z. B. bei einem 5- oder 10-Meter-Sprung am Äquator in Richtung Norden (bzw. Süden) wegen der niedrigeren Rotationsgeschwindigkeit in 5 oder 10 Meter Entfernung vom Äquator etwas nach Osten versetzt wieder auf der Erdoberfläche landen. Und genauso ist es auch. Es bleibt bloß die Frage zu klären, wie stark dieser Effekt ist.

Der Durchmesser der Erde von Pol zu Pol beträgt 12.714 Kilometer. Daraus ergibt sich für den Erdumfang ein Ausmaß von

U = 12.714 km ·3,141 592 65 ... = 39.942,208 997 740 631 Kilometer

Die Strecke vom Äquator zum Nordpol (bzw. Südpol) beträgt ein Viertel jenes Erdumfangs von 39.942,209 Kilometer, wodurch sich eine Weglänge von 9.985,552 249 435 157 808 Kilometer ergibt. Entlang dieser Strecke verringert sich die Rotationsgeschwindigkeit von 465,1 m/s bis auf 0,0 m/s.

$$\frac{9.985.552{,}249\,435\,157\,808\text{ m}}{465{,}101\,307\,098\,896\text{ m}} = \frac{10\text{ m}}{0{,}000\,465\,774\,246\,111\,630\,826\,041\,778\,613\,944\text{ m}}$$

Durch dieses Ergebnis zeigt sich, dass man für einen Sprung von 10 Meter (in einer Sekunde) nach Norden (bzw. Süden) - durchschnittlich - um 0,046 577 Zentimeter weiter im Osten landet. Diese seitlich versetzte Landung von nicht einmal einem halben Millimeter (genau 0,465 774 Millimeter) auf 10 Meter nach Norden (bzw. Süden) summiert sich auf der Gesamtstrecke von 9.985.552,25 Meter zu einer seitlichen (= östlichen) Abweichung von

465,1 Meter. Dieser Effekt wird auch als Coriolis-Kraft bezeichnet, die bei einer Bewegung auf der Nordhalbkugel (wegen der rotierenden Erde) eine ständige Abweichung nach rechts verursacht. Auf der Südhalbkugel bewirkt diese Trägheitskraft hingegen eine permanente Abweichung nach links. Bei einem Fahrzeug, das z. B. 40 Meter pro Sekunde (= 144 km/h) in Nord-Süd-Richtung zurücklegt, müsste die Coriolis-Kraft in jeder Sekunde eine Abweichung von fast 2 Millimeter (für jene 40 Meter) ergeben, was aber nicht der Fall ist. Denn durch die Haftung der Reifen des Fahrzeugs auf der Fahrbahn fällt dieser ohnehin minimale Effekt noch weitaus schwächer aus.

Die Coriolis-Kraft wirkt in der nördlichen Hemisphäre stets nach rechts, während sie auf der Südhalbkugel immer nach links wirkt.

Weitere Aussagen zur Relativität und zum Universum

Abschnitt 1

Ein (theoretischer) außenstehender Beobachter kann unter gewissen Voraussetzungen - wie etwa mittels hoch auflösendem Teleskop - erkennen, dass zum Beispiel auf einem Planeten alles Leben doppelt so schnell abläuft wie auf einem anderen Planeten. Dennoch werden auf beiden Planeten die Menschen im Durchschnitt gleich alt (z. B. 85 Jahre), und diese Personen erleben jene 85 Jahre vollständig und ganz real - Sekunde für Sekunde. Der einzige Unterschied der zwei Planeten liegt lediglich in den verschiedenen Geschwindigkeiten, denen sie ausgesetzt sind. Daraus ergibt sich für einen außenstehenden Beobachter in seiner persönlichen Wahrnehmung ein unterschiedlicher Zeitablauf für die beiden Planeten. In seinem subjektiven Empfinden läuft für den Außenstehenden auf dem Planeten, der der höheren Geschwindigkeit ausgesetzt ist, alles Leben nur halb so schnell, aber dafür doppelt so lange ab - ohne dass diese Menschen irgendeinen zeitlichen Vorteil daraus ziehen können.

Wenn ein Planet fast mit Lichtgeschwindigkeit flöge, würden die betroffenen Menschen ebenfalls real jene (durchschnittlichen) 85 Jahre alt werden. Könnte man (theoretisch) die Geschwindigkeit dieses Planeten - z. B. für eine Stunde - auf Lichtgeschwindigkeit erhöhen, würde alles Leben auf dem Planeten zum Stillstand kommen - allerdings nur für einen außenstehenden Beobachter (wäre dies zu erkennen). Die Menschen auf dem Planeten würden diesen Stillstand - für eine Stunde - gar nicht wahrnehmen. Wenn nach dieser einen Stunde die Geschwindigkeit des Planeten wieder unter Lichtgeschwindigkeit gedrosselt würde, liefe der Lebensrhythmus jener Menschen ganz normal weiter - ohne dass diese von dem Stillstand in irgendeiner Weise Notiz genommen hätten, was jeder Chronometer auf dem Planeten bestätigen würde. Dieses Beispiel ist jedoch rein theoretischer Natur, weil Materie niemals Lichtgeschwindigkeit erreichen kann. Es wäre auch in keiner Weise zu erklären, wenn eine Person genau im Moment zum Übergang auf Lichtgeschwindigkeit in die Luft springen würde und eine ganze Stunde (z. B. 40 cm) über der Planetenoberfläche schweben müsste - nur, weil während der Dauer der Lichtgeschwindigkeitsreise keine eigenständige Bewegung auf dem Planeten möglich ist.

Weg = Geschwindigkeit · Zeit $\quad s = v \cdot t$

Der Zeitablauf t auf dem Planeten wäre null. Die Geschwindigkeit v auf dem Planeten wäre gleichfalls null, und für den Weg s auf dem Planeten ergibt sich ebenso der Wert null. Genau so müsste man sich den Ablauf der Geschehnisse vorstellen, was nie Realität werden kann. Und somit ist das Ergebnis von $s = v \cdot t = 0 \cdot 0 = 0$ völlig irreal und unsinnig. Hingegen wäre in diesem fiktiven Beispiel (aus Sicht des Planeten) die Geschwindigkeit des Planeten selbst - bei einem Zeitablauf von null - unendlich groß.

Abschnitt 2

Beispiele für Extremwerte

Niedrigste Temperatur: -273,15 °C = 0 K

Höchste Temperatur: nach oben keine Grenze. Allerdings müsste irgendwo im Universum eine höchste Temperatur vorkommen (bzw. irgendwann eine Rekord-Höchsttemperatur erzielt worden sein).

Niedrigste Geschwindigkeit: 0,0 m/s

Höchste Geschwindigkeit: die Lichtgeschwindigkeit
Die Lichtgeschwindigkeit c im Vakuum beträgt 299.792,458 km/s (bzw. 1 Milliarde und fast 80 Millionen km/h) und stellt somit die Begrenzung nach oben dar.

c = 1.079.252.848,8 km/h

Eine unendlich hohe Geschwindigkeit könnte es aus logischer Erwägung gar nicht geben, weil kein Objekt (bzw. kein Subjekt) unendlich schnell unterwegs sein kann. Solch eine Geschwindigkeit wäre nicht definiert.

Lediglich in der immateriellen Welt der Lichtgeschwindigkeit, wo der Zeitablauf stillsteht, wird durch diese Tatsache (von t = 0) der Effekt einer unendlich hohen Geschwindigkeit erzielt. Das heißt: Die Absolvierung einer Strecke von A nach B ohne zeitlichen Aufwand (in 0,0 Sekunden) bedingt eine Geschwindigkeit, die unendlich hoch sein muss. Für die Materiewelt ist dieses Beispiel einer unendlich hohen Geschwindigkeit jedoch utopisch und somit völlig unrealistisch.

Lichtgeschwindigkeit c (im Vakuum): ist immer konstant. Nichts ist schneller als das Licht.

Zeit t: hängt von der Geschwindigkeit v ab. Je höher die Geschwindigkeit ist, umso langsamer vergeht die Zeit (für einen außenstehenden Beobachter) - bis zum Stillstand bei Erreichen der Lichtgeschwindigkeit. Je niedriger die Geschwindigkeit ist, umso schneller vergeht die Zeit (für einen außenstehenden Beobachter). Wenn eine Geschwindigkeit von 0,0 m/s erreicht wird, dann vergeht die Zeit unendlich schnell, wobei man es dann lediglich mit einem Zeitpunkt zu tun hat. Eine noch kleinere Geschwindigkeit als 0 m/s (bzw. 0 km/h) gibt es nicht. Eine solche - quasi - negative Geschwindigkeit entspräche bestenfalls der Bewegung eines Objekts (bzw. eines Subjekts) in die entgegengesetzte Richtung.

Abschnitt 3

Wenn ein (einsamer) Planet ohne Eigenrotation (vom Urknallzentrum weg) ins Weltall fliegt und dabei immer langsamer wird, bis er schließlich zum Stillstand kommt, würde ein Außenstehender folgendes sehen: Sollte der Planet nur noch mit 5 km/h unterwegs und keiner weiteren Geschwindigkeit ausgesetzt sein, würde jede (mögliche) Bewegung auf dem Planeten für einen außenstehenden Beobachter extrem schnell ablaufen. Der Planet bremst in der Folge weiter ab - auf 3 km/h, ... auf 1 km/h, ... bis er letztendlich zur absoluten Ruhe kommt. Genau in diesem Moment, wo der Planet 0,0 km/h erreicht hat und somit zum Stillstand gekommen ist (wobei der Planet - wie erwähnt - keinen anderen Geschwindigkeiten unterliegt), würde die Zeit auf dem Planeten unendlich schnell vergehen. Der Planet (= die Materie) altert unendlich schnell. Dieser Alterungsprozess stellt keine Zeitspanne, sondern nur einen Zeitpunkt dar. Mit anderen Worten: Dieser Moment dauert nicht eine Sekunde oder den Bruchteil einer Sekunde, sondern er stellt bloß einen Zeitpunkt dar.

Vor den Augen eines außenstehenden Beobachters müsste der Planet bei Erreichen des absoluten Ruhezustands verschwinden - sich regelrecht auflösen. Allerdings löst sich die Materie des Planeten keineswegs in "Nichts" auf, sondern zerstrahlt in reine Strahlungsenergie. Dieser Vorgang entspricht dem Übergang von Materie (= Masse) in Energie. Trotzdem dürfte dieses Beispiel eher theoretischer Natur sein, da es eigentlich keinen Grund gibt, dass ein Planet (oder ein Felsbrocken) im Vakuum durchs All reist und beständig an Geschwindigkeit verliert.

Des Weiteren ist davon auszugehen, dass Materie generell nicht "bis in alle Ewigkeit" existiert. Wenn Materie ein bestimmtes Alter (z. B. 80 Billiarden oder 100 Billiarden Jahre) erreicht, kann sie durchaus wieder in Energie zerstrahlen. Für einen unendlich schnellen Zeitablauf von Materie (wobei sämtliche Geschwindigkeiten gleich null sein müssen) bedeutet dies, dass Materie (wie etwa ein Planet) in dieser nach unendlich tendierenden Zeitspanne lediglich das Alter von z. B. 100 Billiarden Jahre erreichen muss, um in Strahlungsenergie überzugehen. Die auf diese Weise entstandene Strahlung ist danach ohnehin ihrer eigenen Geschwindigkeit ausgesetzt, wodurch der nach unendlich tendierende Zeitablauf ein jähes Ende gefunden hätte.

Abschnitt 4

Ein anderes theoretisches Beispiel, das zur Zerstrahlung von Materie führen könnte:

Ein Planet fliegt geradlinig mit steigender [oder fallender] Geschwindigkeit durchs Weltall. Das Problem (für die Lebewesen) des Planeten liegt darin, dass es unter Umständen eine (einzige) dem Planeten entgegenwirkende Kraft (bzw. Geschwindigkeit) gibt, die größer [oder niedriger] ist als die Geschwindigkeit des Planeten. Sollte der Planet mit seiner ansteigenden [oder fallenden] Geschwindigkeit jene Geschwindigkeit der entgegenwirkenden Kraft erreichen, wäre für einen einzigen Augenblick die Geschwindigkeit des Planeten gleich null und somit der absolute Ruhezustand erreicht. Dieser eine Moment genügt bereits, um die Zeit unendlich schnell ablaufen zu lassen, und der Planet würde von einem Moment zum nächsten (mit allem Leben darauf) in Strahlungsenergie übergehen.

Dass sich jedoch (nur) zwei entgegengesetzte Geschwindigkeiten - mit all den geschilderten Folgen - perfekt aufheben, ist ebenso eher theoretischer Natur. Dies gilt umso mehr, wenn man weiß, dass Planeten das Bestreben haben, zusätzlich um die eigene Achse zu rotieren, um eine Sonne zu kreisen und sich mit dem Sonnensystem um das Zentrum einer Milchstraße zu drehen - und sich nicht bloß linear (weg vom Urknallzentrum) in eine bestimmte Richtung bewegen, egal ob mit anwachsender oder verringernder Geschwindigkeit.

Abschnitt 5

Interessant für einen außenstehenden Beobachter ist, dass er bei einem Planeten in der Milchstraße feststellen muss, dass (das Leben bzw.) die Zeit auf einem Planeten langsamer abläuft, wenn sich die Entfernungsgeschwindigkeit vom Urknallzentrum (= v2) und die Eigendrehung (= Eigengeschwindigkeit) der Milchstraße (= v1) ergänzen (bzw. aufsummieren), wie im Bereich A zu sehen ist.

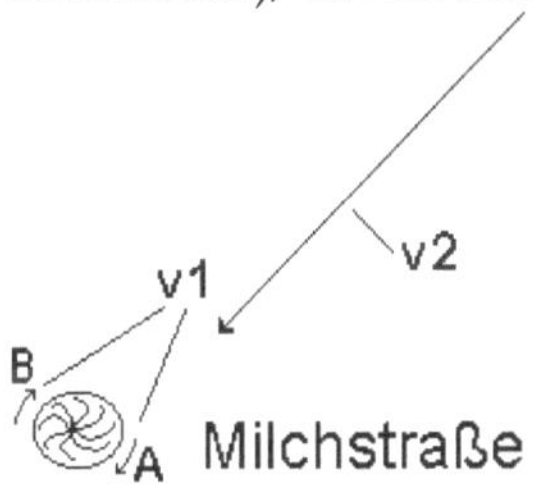

Im Bereich B hingegen stellt die Eigengeschwindigkeit der Milchstraße (= v1) eine Gegenbewegung zur Entfernungsgeschwindigkeit vom Urknallzentrum (= v2) dar. Der Planet unterliegt im Bereich B somit einer geringeren Geschwindigkeit (als im Bereich A), wodurch für einen Außenstehenden das Leben (bzw. der Zeitablauf) auf dem Planeten im Bereich B schneller vonstatten geht als im Bereich A. Denn je höher die

Geschwindigkeit ist, der man ausgesetzt ist, umso langsamer vergeht die Zeit - und umgekehrt.

Für die Lebewesen auf dem Planeten ändert diese Tatsache jedoch nichts, da sie jede Sekunde ihres Lebens real (ohne irgendeinen zeitlichen Verlust oder Gewinn) wahrnehmen, während ein außenstehender Beobachter sehr wohl den Eindruck eines schnelleren oder langsameren Lebens (bzw. Zeitablaufs) auf dem Planeten hat.

Rückkehr zu einer bereits bekannten Tabelle (c = Lichtgeschwindigkeit):

- -

Fliegt man mit	50 %	c, reist man quasi mit	einfacher	c.
	66,666 666 ... %		zweifacher	
	75 %		dreifacher	
	80 %		vierfacher	
	85,714 285 714 285 ... %		sechsfacher	
	90 %		neunfacher	
	95 %		19-facher	
	99 %		99-facher	
	99,9 %		999-facher	
	99,99 %		9.999-facher	

- -

Diese "Überlichtgeschwindigkeitstabelle" wird nun um einige Werte ergänzt:

- -

Fliegt man mit	33,333 333 ... %	c, reist man quasi mit	halber	c.
	16,666 666 ... %		1/5	
	10 %		1/9	
	1 %		1/99	
	0,1 %		1/999	
	0,001 %		1/99.999	

- -

Erläuterungen zu den neuen Werten:

Reist man per Raumschiff mit einem Drittel der Lichtgeschwindigkeit durchs All, wird durch die hohe Geschwindigkeit, der man ausgesetzt ist, der zeitliche Ablauf von 1,5 Sekunden auf eine Sekunde (bzw. von einer Sekunde auf 0,666 666 ... Sekunden) reduziert.

Reist man mit einem Sechstel der Lichtgeschwindigkeit, wird der Zeitablauf von 1,2 Sekunden auf eine Sekunde (bzw. von einer Sekunde auf 0,833 333 ... Sekunden) verlangsamt.

Fliegt man mit 10 Prozent, also einem Zehntel der Lichtgeschwindigkeit (= 29.979,245 8 km/s) durch den Weltraum, was durchaus der Geschwindigkeit eines Planeten bezüglich seiner Entfernung vom Urknallzentrum entsprechen kann, verlangsamt sich der zeitliche Ablauf durch die hohe Eigengeschwindigkeit von 1,111 111 ... Sekunden auf eine Sekunde (bzw. von einer Sekunde auf 0,9 Sekunden).

Bei einer Reise mit einem Hundertstel (= 1 Prozent) der Lichtgeschwindigkeit reduziert sich der Zeitablauf kaum noch - von 1,010 101 010 ... Sekunden auf eine Sekunde (bzw. von einer Sekunde auf 0,99 Sekunden).

Bei einer Geschwindigkeit von 0,1 Prozent von der des Lichts (= 299,792 458 km/s) reduziert sich der Zeitablauf nur noch um eine Tausendstelsekunde von 1,001 001 ... Sekunden auf eine Sekunde (bzw. von einer Sekunde auf 0,999 Sekunden).

Sollte man lediglich einer Geschwindigkeit von 0,001 Prozent bzw. einem Hunderttausendstel von der des Lichts ausgesetzt sein, was 2,997 924 58 km/s (bzw. 10.792,528 488 km/h) entspricht, ergibt sich eine Reduzierung des Zeitablaufs von 1,000 010 000 1 ... Sekunden auf eine Sekunde (bzw. von einer Sekunde auf 0,999 99 Sekunden). Die zeitliche Verlangsamung entspricht in diesem Fall pro Sekunde einer Hunderttausendstelsekunde.

Im Klartext heißt dies für das letzte Beispiel: Wenn eine Person um 10.792,528 488 km/h schneller unterwegs ist als ihre Mitmenschen, dann altert diese Person jede Sekunde um eine Hunderttausendstelsekunde langsamer als die übrigen Menschen, da sich diese Person aufgrund der höheren Geschwindigkeit in einem anderen Zeitablauf befindet. Diese Person wäre (durch die **permanent vorhandene** um 10.792,5 km/h höhere Geschwindigkeit) nach hunderttausend Sekunden um eine Sekunde weniger gealtert als die Mitbürger. Allerdings hätte diese Person auch diese eine Sekunde real weniger erlebt. Als Jungbrunnen kann die Zeitdilatation somit nicht dienen. Trotzdem kann sie bei entsprechend hohen Geschwindigkeiten zur "zeitlichen Verkürzung" bei Reisen im Weltall beitragen.

Sollte dennoch jemand Gelüste verspüren, die Zeitdilatation auf der Erde für sich zu nutzen, dann wird diese Person nicht nur wegen der viel zu niedrigen Geschwindigkeit keinen Erfolg haben. Ein weiteres Problem ist, dass die Menschen immer wieder an ihren Ausgangsort zurückkehren, wodurch jeder zeitliche "Gewinn" spätestens bei der Rückkehr zum Ausgangspunkt in einen zeitlichen "Verlust" mündet, und es (langfristig) zu einem Nullsummen-Ergebnis kommen muss.

Um dieses Problem verständlich zu erklären, ist ein Beispiel angebracht:

Möchte eine Person vom Ort A zum Ort B reisen, und will diese Person die rasante Entfernungsgeschwindigkeit - weg vom Urknallzentrum - ausnutzen, dann muss die Reise von A nach B in dieselbe Richtung wie jene Entfernungsgeschwindigkeit weisen. Durch die Aufsummierung der beiden Geschwindigkeiten (Reisegeschwindigkeit v1 plus Entfernungsgeschwindigkeit v2) altert diese Person langsamer als jene Menschen, die diese Reise nicht mitmachen. Sollte die Person nach einer Stunde von B wieder nach A zurückreisen, würde sich der gegenteilige Effekt einstellen, indem die Reisegeschwindigkeit v1 der Entfernungsgeschwindigkeit v2 entgegenwirkt, und die Person altert umso schneller - zumindest schneller als jene Menschen, die diese Reise nicht mitmachen.

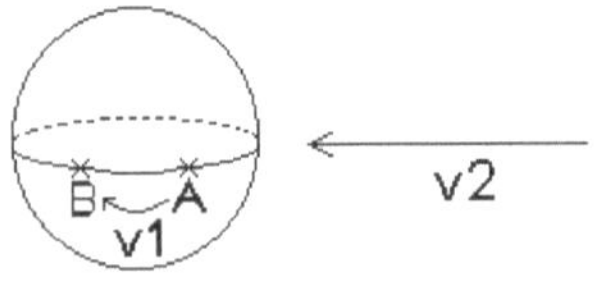

Und dennoch gäbe es eine Möglichkeit, um (regelmäßig) die Aufsummierung der beiden Geschwindigkeiten auszunutzen und somit langsamer zu altern. Die Person müsste lediglich eine halbe Erddrehung abwarten, bevor sie von B wieder nach A zurückkehrt. Nach einer halben Erddrehung (um die eigene Achse) befindet sich der Ort B genau an der richtigen Position, um für die Rückreise zum Ort A die Aufsummierung der beiden Geschwindigkeiten erneut auszunutzen und abermals langsamer als die Mitmenschen zu altern.

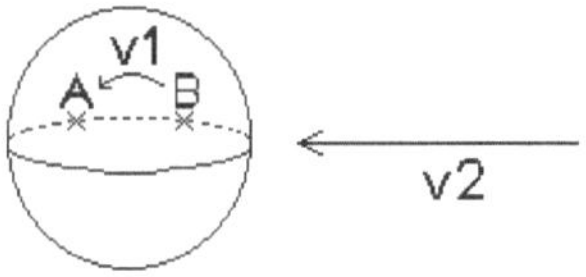

Doch - wie berichtet - handelt es sich bei "niedrigen" Geschwindigkeiten bloß um eine Anhäufung von Sekundenbruchteilen, die erst bei Ausnutzung sehr langer Zeiträume eine Erwähnung wert wären. Und zudem hätte man diese angeblich "gewonnene" Zeit sogar in genau demselben Ausmaß weniger erlebt.

Galaxien, die wegen der höheren Entfernungsgeschwindigkeit einen größeren Abstand vom Urknallzentrum haben, existieren ungefähr genauso lange wie unsere Milchstraße. Aber durch die höhere Geschwindigkeit, der diese Galaxien ausgesetzt sind, ist deren Materie (und somit auch deren mögliches Leben) um einiges langsamer gealtert als sämtliche Materie in unserer Milchstraße, wodurch die Materie jener Galaxien in Wahrheit jünger ist. Umgekehrt ist die Materie von Galaxien, die einen kleineren Abstand zum Urknallzentrum aufweisen, wegen der geringeren Eigengeschwindigkeit schneller gealtert und somit älter.

Alleine aufgrund dieser Tatsache ist es schwierig zu bestimmen, wie alt unser Urknalluniversum wirklich ist. Das bedeutet: Wenn das Alter unserer Galaxie genau 13,7 Milliarden Jahre wäre, hätte der Urknall (nach unserer Zeitrechnung) vor 13,7 Milliarden Jahren stattgefunden. Würde man jedoch für eine Galaxie, die sich näher am Urknallzentrum befindet, (nach unserer Zeitrechnung) ein Alter von über 14 Milliarden Jahren ermitteln, dann hat die Materie jener Galaxie trotzdem nicht schon vor dem Urknall existiert. Lediglich der schnellere Zeitablauf (bedingt durch die niedrigere Eigengeschwindigkeit) hat jene Galaxie schneller altern lassen. Oder anders ausgedrückt: Wir können nicht unsere Zeitrechnung für bestimmte Objekte anwenden, wenn diese einer völlig anderen Geschwindigkeit unterliegen.

Abschnitt 6 (zu Abschnitt 4)

Obwohl das Beispiel eines linear in eine Richtung fliegenden Planeten und einer entgegengesetzt wirkenden Kraft (bzw. Geschwindigkeit) als theoretisch abgetan wurde, könnte dennoch der Zeitpunkt unmittelbar vor einem Urknall genau diese Situation am ehesten beschreiben. Da (alle bzw.) der Großteil an Materie im vorletzten Urknalluniversum in einer kontrahierenden Phase von zahllosen Schwarzen Löchern eingefangen wurde, bis schließlich nur mehr ein einziges hypermassives Schwarzes Loch übrig geblieben ist, könnte genau das geschehen sein, was bisher als (zu) theoretisch bezeichnet wurde. -- **Einschub**: siehe unten.

Die Geschwindigkeit der kontrahierten Materie reduzierte sich auf den Wert null (v = 0,0 m/s). Die Zeit t beschleunigte sich ins Unendliche - allerdings nur für einen Zeitpunkt. Als Resultat ergab sich eine Wegstrecke s, die gleichfalls den Wert null aufweisen musste, weil es sich als ***eine*** Erklärung nur um einen Zeitpunkt (und nicht um einen Zeitablauf) handelt.

Eine andere Erklärung liegt in der Formel s = v · t. Da die Geschwindigkeit v gleich null und die Zeit t gleich unendlich ist, ergäbe sich für den Weg s (null mal unendlich) gleichsam der Wert null, wobei die Berechnung null mal unendlich in der Mathematik (angeblich) nicht definiert sein soll, was irgendwie unlogisch klingt. Denn jede Zahl - egal, ob 1 oder 27 oder 900 Trilliarden, ... - multipliziert mit null wird immer null ergeben. Wenn man beispielsweise die "höchstmögliche" Zahl mit null multipliziert, wird das Ergebnis stets gleich null sein. Und wenn man - synonym für die höchstmögliche Zahl - unendlich einsetzt, müsste das Resultat gleichfalls null lauten. Daraus ist zu schließen, dass sich für den Weg s der Wert 0,0 Meter ergibt. Falls diese Berechnung (null mal unendlich) tatsächlich mathematisch nicht definiert sein sollte, könnte folgender Satz als ***eine*** Erklärung herhalten: "Die Zeit t tendiert nach unendlich", was schließlich dazu führt, dass Materie "im Begriff" ist, unendlich schnell zu altern und somit zu zerstrahlen, wobei es mit der Zerstrahlung zu einer Urknallexplosion kommt.

s = v · t = 0 · unendlich = 0,0 m

Anders verhält es sich bei der Division durch null, da unendlich als Ergebnis nicht brauchbar bzw. nicht korrekt sein muss. Als Beispiel sei folgender Satz angegeben:

"Ein Objekt fliegt mit unendlich hoher Geschwindigkeit."

Solch eine Behauptung ist - für eine Materiewelt - vollkommen unlogisch und absolut unmöglich. Diesbezüglich würde ein Weg (z. B. x Meter) zurückgelegt, obwohl gar keine Zeit vergangen ist (s = x m und t = 0 s).

v = s / t = x m / 0 s = unendlich m/s

Das Ergebnis wäre eine unendlich hohe Geschwindigkeit bezogen auf einen Zeitpunkt (für einen Zeitablauf gleich null ! ! !). So etwas gibt es in einer Materiewelt überhaupt nicht. Wenn kein Zeitablauf in der Materiewelt existiert, kann auch keine Geschwindigkeit existieren. Wenn s (= Sekunde) nicht existent ist, kann auch m/s (= Meter pro Sekunde) nicht existent sein.

- -

Einschub:

Da der Zeitablauf auch von der Gravitation (= Schwerkraft) eines Körpers (z. B. eines Sterns) abhängt, ist es verständlich, dass Schwarze Löcher (etwa als Endstadium sehr massereicher Sonnen) mit ihrer immensen Gravitation den Zeitablauf dahingehend beeinflussen, dass in ihrer Nähe die Zeit langsamer vergeht. Das gleiche Prinzip gilt auch für die Erde. Auf einem Berg vergeht die Zeit schneller als im Tal, weil das Tal einer größeren Schwerkraft unterliegt. Je weiter man sich vom Erdmittelpunkt (bzw. von der Erde) entfernt, umso geringer wird die Schwerkraft der Erde und ihr

Einfluss auf die Zeit - auch wenn diesbezügliche Auswirkungen unseres Planeten nur äußerst minimaler Art sind. Bei einem Lichtstrahl, der keine Masse besitzt, spielt in dieser Hinsicht die Gravitation keine Rolle, während die Schwerkraft bei Schwarzen Löchern die entscheidende Rolle zu spielen scheint.

In einem kontrahierenden (= zusammenziehenden) Universum ziehen sich die Schwarzen Löcher gegenseitig an, und ein Schwarzes Loch nach dem anderen wird von einem größeren "verschluckt". In der Endphase eines solchen Urknalluniversums existieren nur noch vier, drei, ... hypermassive Schwarze Löcher, wobei eines davon das hypermassivste Loch darstellt - neben eventuell noch vorhandenen zahlreichen kleinen Schwarzen Löchern, die ohnehin im Begriff sind, verschluckt zu werden. Die hypermassiven Schwarzen Löcher ziehen sich also gegenseitig an, wodurch sich keines von ihnen im Ruhezustand befinden kann. Ganz im Gegenteil: Jedes einzelne von ihnen ist gewaltig in Bewegung. Die hypermassiven Schwarzen Löcher stürzen dabei - mit unvorstellbar hoher Geschwindigkeit - regelrecht aufeinander zu, was letzten Endes zusätzlich zur Verlangsamung des Zeitablaufs beiträgt. Mit dem Verschlucken von mehr und mehr Materie bzw. von Schwarzen Löchern werden sie immer massereicher, weshalb ihre Schwerkraft unaufhörlich zunimmt. Und mit der Zunahme der Schwerkraft wird der Zeitablauf in einem noch größeren Bereich um das Schwarze Loch kontinuierlich weiter verlangsamt. Wenn nun in der Endphase dieses Urknalluniversums das drittletzte hypermassive Schwarze Loch vom hypermassivsten Schwarzen Loch verschlungen wird, "stehen" sich die letzten beiden gigantischen Schwarzen Löcher quasi gegenüber, die nun noch schneller aufeinander zurasen - mit Beinahe-Lichtgeschwindigkeit oder zumindest mit extrem hoher Geschwindigkeit. Schlussendlich hat sich das hypermassivste Schwarze Loch das zweitgrößte Schwarze Loch einverleibt. Und wenn (eventuell noch) vorhandene Materie keinen Einfluss mehr auf das letzte hypermassive Schwarze Loch hat, passiert plötzlich mit dem Zeitablauf, der sich mit beständig zunehmender Masse und ansteigender Geschwindigkeit permanent verlangsamt hat, das totale Gegenteil. Im absoluten Ruhezustand vergeht die Zeit auf einmal unendlich schnell, und es kommt im selben Augenblick zu einer ungeheuren Explosion - dem gigantischsten "Knall" überhaupt - an der Stelle, wo das hypermassivste Schwarze Loch seinen Stillstand gefunden hat - dem Zentrum des nächsten Urknalluniversums, wobei unmittelbar vor dieser Explosion (die eigentlich 'lautlos' vonstatten geht) eine Verdichtung in einem einzigen "Punkt" gezwungenermaßen gar nicht notwendig sein muss.

Man könnte in dieser Hinsicht auch dagegenhalten und behaupten, dass die enorme Gravitation (des hypermassivsten Schwarzen Lochs) im Gegensatz zur Geschwindigkeit nach wie vor für einen langsamen Zeitablauf gesorgt haben würde. Doch zu diesem Kritikpunkt sei zum einen erwähnt, dass die (völlige Trendumkehr der) Geschwindigkeit weitaus schwerer wiegt als die Gravitation. Der rasante Zeitablauf, der in der Endphase eines Urknalluniversums in Richtung unendlich tendiert, ist von viel größerer, sogar von entscheidender Bedeutung als die "größtmögliche" Gravitationskraft. Zum anderen war nach der abrupten Reduktion der Geschwindigkeit des komprimierten Materieuniversums (auf den Wert null) die Gravitation als nächstes an der Reihe. Die der Beinahe-Lichtgeschwindigkeit (oder zumindest einer äußerst hohen Geschwindigkeit) ausgesetzt gewesene Materie alterte beim Übergang zum (absoluten) Stillstand im "Bruchteil* einer Sekunde" ultraextrem schnell, wodurch die rasant gealterte Materie im letzten hypermassiven Schwarzen Loch unverzüglich in Strahlungsenergie überging. Dabei wurde schlussendlich die größtmögliche Menge an Energie in Form einer hypergigantischen Explosion freigesetzt, die sich in alle Richtungen des Weltalls ausbreitete.

* Erklärung: Dieser "Bruchteil einer Sekunde" bedeutet hier nichts anderes als beispielsweise der Übergang vom Zeitpunkt 0,999 999 ... (periodisch) Sekunden zum Zeitpunkt 1,000 000 ... (periodisch) Sekunden. Da zwischen dem Wert 0,999 periodisch und dem Wert 1,000 periodisch keine Zahl existiert, sind diese beiden Werte eigentlich gleich. Und genau so ist dieser erwähnte Übergang im "Bruchteil einer Sekunde" anzusehen. In Wahrheit hat jener Übergang zum absoluten Stillstand gar nicht im Bruchteil einer Sekunde stattgefunden, sondern - zeitlich gesehen - unmittelbar darauf. Das Gleiche gilt ebenfalls für die Transformation der Materie (im letzten hypermassiven Schwarzen Loch) in Strahlungsenergie. Auch in diesem Fall erfolgte der Übergang (zur Urknallexplosion) unmittelbar darauf - sozusagen zeitgleich.

Das heißt mit anderen Worten: Nachdem die Geschwindigkeit, der die (gesamte) Materie ausgesetzt war, von einem Extrem ins andere übergegangen war (sprich: Nach dem Erlangen der Beinahe-Lichtgeschwindigkeit tendierte die Geschwindigkeit plötzlich in Richtung totaler Stillstand. Bzw.: Nach dem Erreichen des Zeitablaufs von beinahe null tendierte der Zeitablauf abrupt in Richtung unendlich), erfolgte als nächstes bezüglich der Gravitation der Übergang von einem Extrem ins andere Extrem. Da die Materie gigantisch schnell alterte und somit in Strahlungsenergie überging, schlitterte die (größtmögliche) Gravitationskraft von einem Extremzustand in den anderen. Die Gravitation verlor all ihre Kraft, die sich in "Nichts" aufzulösen schien bzw. in Geschwindigkeit der Strahlungsenergie "umgewandelt" wurde. Dieser Doppelschlag konnte nur in einem Super-Knall enden.

Definiertes und Undefiniertes in der Mathematik

Erlaubt ist:

unendlich + unendlich = unendlich

-unendlich + (-unendlich) = -unendlich

unendlich · unendlich = unendlich

-unendlich · unendlich = -unendlich

- (-unendlich) = unendlich

$$\frac{1}{+/-\ \text{unendlich}} = 0$$

Nicht definiert ist beispielsweise:

unendlich - unendlich (ergibt eigentlich keinen Sinn)

$$\frac{1}{0}$$ (tendiert aber nach unendlich)

$$1^{\text{unendlich}}$$ (müsste eigentlich 1 ergeben)

1 hoch unendlich soll nicht definiert sein. Dies ist sehr eigenartig. Denn es ist prinzipiell egal, ob man 1^2 oder 1^3 oder 1 mit irgendeinem x-beliebigen Wert hochrechnet, weil man als Ergebnis immer 1 erhalten wird. Setzt man bei 1^3 statt der Zahl 3 die "größtmögliche" Zahl (oder unendlich) ein, müsste das Ergebnis noch immer 1 lauten.

Obwohl die Zahl Pi = 3,141 592 65 ... unendlich viele Kommastellen aufweist, käme schließlich kein Mensch auf den Gedanken, zu behaupten, mit der Zahl Pi könne man nicht rechnen, weil man zuerst unendlich viele Kommastellen aufschreiben müsste, was bis in alle Ewigkeit dauert. Und deshalb sei eine Berechnung mit Pi zum Scheitern verurteilt.

Angeblich ist die Berechnung von ***0 · unendlich*** nicht definiert, während hingegen ***0 · 0 = 0*** sehr wohl definiert sein soll, obwohl dies unlogisch erscheint, wie nun mehrfach erläutert wird.

1. Auf die Spezialsituation bei s = v · t mit v = 0 und t = unendlich wurde schon hingewiesen. Wenn die Geschwindigkeit im Universum den Wert null - also den absoluten Ruhezustand - erreicht, vergeht die Zeit unendlich schnell, wodurch man es nur noch mit einem Zeitpunkt zu tun hat, in dem die Materie unendlich schnell altert und schließlich in Strahlungsenergie übergehen müsste. Da die Geschwindigkeit in dieser Situation gleich null ist, muss auch der Weg s den Wert null aufweisen.

(Die Zeit t tendiert nach unendlich, was t gleich unendlich gleichkommt.)

a) s = v · t = 0 km/h · unendlich h = 0 km

b) v = s / t = 0 km / unendlich h = 0 km/h

c) t = s / v = 0 km / 0 km/h = unendlich h

All diese Berechnungen haben richtig zu sein. Denn jeder "Zahlenwert" (= jeder Wert größer null) multipliziert mit null ergibt wieder null (a). Eine Division durch unendlich ist nun mal gleich null (b). Und eine Division durch null tendiert letzten Endes nach unendlich (c) - egal, ob dies sinnvoll ist oder nicht.

2. Im Gegensatz dazu erscheint folgende Definition völlig absurd und weltfremd: $0 \cdot 0 = 0$

Dies bedeutet, ...

$$s = v \cdot t = 0 \cdot 0 = 0$$

... soll definiert sein.

In Wahrheit ist dies Unsinn. Wenn $v = 0$ ist, kann t nicht auch null sein.

Wenn ein Automobil vor einer Ampel (oder auf einem Parkplatz) steht, ist $v = 0$ und $s = 0$. Aber die Zeit hat auf jeden Fall einen Wert größer als null ($t > 0$), weil das Fahrzeug z. B. zwei Minuten vor einer Ampel (oder 6 Stunden auf einem Parkplatz) gestanden ist.

Will man aber die Zeit gleich null setzen ($t = 0$), handelt es sich um eine Momentaufnahme, aus der man keine Geschwindigkeit und keinen zurückgelegten Weg eruieren kann. Wenn der Sieger bei einem Wettlauf 10 Sekunden für 100 Meter benötigt, beträgt seine (durchschnittliche) Geschwindigkeit 100 m/10 s bzw. 10 m/s. Wenn nun ein Reporter während des Rennens (z. B. nach 70 Meter der absolvierten Strecke) ein Foto von den Athleten geschossen hätte, könnte man aus dem anschließend vorliegenden Foto weder die Geschwindigkeit, noch die Zeit (aber - bei Vorhandensein der Bodenmarkierungen - sehr wohl den zurückgelegten Weg) feststellen. Das heißt, die Zeit einfach null zu setzen, bringt in einer Welt, in der die Zeit kontinuierlich weiterläuft, überhaupt nichts. Jede Berechnung mit $t = 0$ ist für die Erde ausnahmslos Unsinn.

Die einzige Möglichkeit, bei der die Zeit (= der Zeitablauf) gleich null wird, wäre (theoretisch) das Erlangen der Lichtgeschwindigkeit, die aber für Materie (offenkundig) nicht zu erreichen ist.

Und wenn (theoretisch) diese Lichtgeschwindigkeit erreicht wäre, würden die Menschen auf dem entsprechenden Planeten diesen zeitlichen Stillstand - wie bereits erwähnt - nicht einmal wahrnehmen. Und ein außenstehender Beobachter würde verdutzt zur Kenntnis nehmen, dass auf dem Planeten jegliches Leben stillstehen würde ($t = 0$ --> $v = 0$ --> $s = 0$), obwohl für den Außenstehenden der beobachtete Planet in jeder Sekunde 299.792,458 Kilometer zurücklegt.

Nur für die Strahlungsenergie, etwas Nicht-Materielles, wie das Licht muss man andere Maßstäbe ansetzen. Licht ist mit Lichtgeschwindigkeit unterwegs und "altert" sozusagen nicht ($t = 0$). Bewegung (wie beim Beispiel mit dem Planeten) ist auf einem Lichtstrahl nicht vorhanden. Wie sollte diese Bewegung (samt zusätzlicher Geschwindigkeit) auch aussehen? Auf keinen Fall in Form von Eigenrotation, wie sie bei einem Planeten möglich wäre. Diese (potenzielle) Eigenrotation eines Planeten ist nur ein Grund mehr, warum Materie nie Lichtgeschwindigkeit erlangen kann. Denn dadurch wäre - vollends abwegig - sogar Überlichtgeschwindigkeit möglich, die nicht einmal Strahlungsenergie im Vakuum erreicht.

3. Wenn aber $s = v \cdot t = 0 \cdot 0 = 0$ einen Sinn ergeben soll, müssen auch sämtliche mathematische Abwandlungen einen Sinn ergeben.

Weg s = Geschwindigkeit v · Zeit t

x km = y km/s · z s   s ... Sekunde

Wenn $y = 0$ und $z = 0$ ist, dann soll x (angeblich) ebenfalls null sein. Wenn aber $z = 0$ ist, was auf der Erde generell und im Weltraum für Materie gar nicht möglich sein kann, müsste man sämtliche Berechnungen hierzu eigentlich sofort verwerfen.

Für etwas Immaterielles wie Licht im Vakuum ist jenes $0 \cdot 0 = 0$ ebenfalls nicht ernsthaft verwertbar. Wenn bei Lichtgeschwindigkeit $z = 0$ ist, weil die Zeit nicht mehr vergeht, dann existiert (gleichsam) auch keine Geschwindigkeit ("auf" dem Lichtstrahl). Daraus ergibt sich, dass auch kein Weg ("auf" dem Lichtstrahl) zurückgelegt werden kann. Mit Hilfe eines Planeten kann man dies weitaus verständlicher erklären, da die Erläuterung mittels Lichtstrahl normalerweise keinen Sinn ergibt. Andererseits hat man bei der Erklärung anhand eines Planeten das Problem, dass dieser keine Lichtgeschwindigkeit erreichen kann.

Um aber auf das Mathematische von $0 \cdot 0 = 0$ zurückzukommen, konzentrieren wir uns einmal auf sämtliche Abwandlungen von $s = v \cdot t$ bzw. von $x = y \cdot z$.

Mit der Annahme, dass $y = 0$ und $z = 0$ ist, soll sich $x = 0$ ergeben.

$x = y \cdot z$ Annahme: $y = 0, z = 0$

1. Abwandlung:

$$y = \frac{x}{z}$$ wobei $y = 0$ und $z = 0$ ist

Wenn $z = 0$ ist, hätte man es hier mit einer Division durch null zu tun, die eigentlich nicht definiert ist ! ! ! Außerdem würde der Quotient x/z (auf der rechten Seite) nach unendlich tendieren, während (auf der linken Seite) $y = 0$ ist ! ! ! ! -- Wie kann null gleich unendlich sein?

2. Abwandlung:

$$z = \frac{x}{y}$$ wobei $y = 0$ und $z = 0$ ist

Wenn $y = 0$ ist, hätte man es auch hier mit einer Division durch null zu tun, die eigentlich nicht definiert ist ! ! ! Außerdem würde der Quotient x/y (auf der rechten Seite) nach unendlich tendieren, während (auf der linken Seite) $z = 0$ ist ! ! ! ! -- Wie kann null abermals gleich unendlich sein? Daraus ist gleichfalls zu schließen, dass $0 \cdot 0 = 0$ nicht definiert sein dürfte.

Andererseits zeigen sich bei ...

$s = v \cdot t = 0 \cdot \text{unendlich}$

... keinerlei Ungereimtheiten.

1. Abwandlung:

$$v = \frac{s}{t} \quad \ldots\ldots \quad 0 = \frac{s}{\text{unendlich}}$$

Wahre Aussage,
da beide Seiten null ergeben

2. Abwandlung:

$$t = \frac{s}{v} \quad \ldots\ldots \quad \text{unendlich} = \frac{s}{0}$$

Eigentlich okay,
da beide Seiten unendlich ergeben

4. Oder anders ausgedrückt: Die Multiplikation von z. B. $4 \cdot 3$ steht als Ersatz für die Addition.

D. h.: $x = 4 \cdot 3$ entspricht $3 + 3 + 3 + 3 = 12$

4-mal wird ein Dreier aufaddiert (bzw. verwendet) und ergibt 12.

Oder: $x = 3 \cdot 4$ entspricht $4 + 4 + 4 = 12$

3-mal wird ein Vierer aufaddiert (bzw. verwendet) und ergibt 12.

- -

Wenn $4 \cdot 0$ berechnet wird, dann zeigt sich folgendes Resultat:

$x = 4 \cdot 0$ entspricht $0 + 0 + 0 + 0 = 0$

4-mal wird ein Nuller aufaddiert (bzw. verwendet) und ergibt 0.

Oder: $x = 0 \cdot 4$ entspricht nichts, was gleich null ist.

0-mal wird ein Vierer aufaddiert. Also kein einziges Mal wird ein Vierer verwendet - und ergibt "nichts", was null entspricht.

- -

Wenn jedoch unendlich mit null multipliziert wird, dann zeigt sich folgendes Bild:

$$x = \text{unendlich} \cdot 0 = 0 + 0 + \ldots + 0 + 0 = 0$$

Unendlich oft wird ein Nuller aufaddiert (bzw. verwendet) und kann schlussendlich nur null ergeben.

Oder: $x = 0 \cdot \text{unendlich}$ entspricht nichts, was gleich null ist.

0-mal wird unendlich aufaddiert. Also kein einziges Mal wird unendlich verwendet - und kann nur "nichts" bzw. null ergeben.

- -

Wenn aber null mit null multipliziert wird, müsste man zu folgendem Resultat gelangen:

$x = 0 \cdot 0$ dürfte eigentlich nicht definiert sein.

0-mal wird der Nuller aufaddiert (bzw. verwendet) und kann somit nicht null ergeben. Also kein einziges Mal wird der Nuller verwendet, weshalb das Ergebnis nicht null sein kann.

0-mal wird "nichts" aufaddiert. Also kein einziges Mal wird "nichts", was null entspricht, verwendet, wodurch das Ergebnis nicht null sein kann.

Kein einziges Mal "nichts" kann nicht "nichts", was null entspricht, ergeben. Oder verständlicher ausgedrückt: Kein einziges Mal null kann nicht (als Resultat) null ergeben.

Beispiele zur Undefinierbarkeit

In einer (real existierenden) Materiewelt gibt es keinen vernünftigen Grund, dass beide Faktoren (y und z) einer Multiplikation ($x = y \cdot z$) gleich null sein sollen.

Wenn ein Auto eine Stunde lang mit 120 km/h unterwegs ist, dann ergibt sich:

$s = v \cdot t = 120\ \text{km/h} \cdot 1\ \text{h} = 120\ \text{km}$

Der zurückgelegte Weg beträgt 120 Kilometer.

- -

Steht ein Auto z. B. 2 Minuten vor einer roten Ampel, ergibt sich:

$s = v \cdot t = 0\ \text{km/s} \cdot 120\ \text{s} = 0\ \text{km}$

Der zurückgelegte Weg beträgt 0 Kilometer.

- -

Wenn ein Auto mit 120 km/h unterwegs ist, und man möchte den zurückgelegten Weg nicht für einen Zeitablauf, sondern für einen einzigen Moment (gewissermaßen ***zu*** einem Zeitpunkt) ausrechnen, dann ist diese Berechnung unsinnig, weil ***zu*** einem Zeitpunkt keine Bewegung und somit keine Geschwindigkeit möglich ist.

$s = v \cdot t = 120\ \text{km/h} \cdot 0\ \text{h} = 0\ \text{km}$

Solch eine Berechnung ist Unsinn, da der Fehler bei 0 h liegt!

Und diese Behauptung widerspricht auch nicht, sondern bestätigt vielmehr die These für den absoluten Ruhezustand, bei dem die Zeit unendlich schnell vergeht, die Geschwindigkeit gleich null und der Weg ebenfalls gleich null ist.

$s = v \cdot t = 0\ km/h \cdot$ unendlich $h = 0\ km$

Wenn ein Körper im vollkommenen Ruhezustand verharrt (und somit keiner einzigen Bewegung im gesamten Universum unterliegt), dann vergeht die Zeit für diesen Körper unendlich schnell.

- -

Steht ein Auto vor einer roten Ampel, und man möchte den zurückgelegten Weg nicht für einen Zeitablauf, sondern für einen einzigen Moment (***zu*** einem Zeitpunkt) ausrechnen, dann ist diese Berechnung unsinnig, weil ***zu*** einem Zeitpunkt kein zurückgelegter Weg berechnet werden kann, wobei das Auto - bezogen auf die Erdoberfläche - ohnedies nicht in Bewegung ist.

$s = v \cdot t = 0\ km/h \cdot 0\ h = 0\ km$

Solch eine Berechnung ist Unsinn, da der Fehler bei 0 h liegt ! ! !

- -

Zum Unterschied:

Wenn ein Auto z. B. 10 Meter in der (letzten) Sekunde zurückgelegt hat oder für die letzten 10 Meter eine Sekunde benötigt hat, dann kann man die durchschnittliche Geschwindigkeit für die letzte Sekunde bzw. für die letzten 10 Meter - also ***für*** den aktuellen Zeitpunkt - messen. Bei dieser Messung handelt es sich immer um einen Durchschnittswert für eine bestimmte Distanz (z. B. die letzten 100 Meter oder 10 Meter, ...) oder für eine bestimmte Dauer (= Zeitablauf) (z. B. für die letzten 10 Sekunden oder für die letzte Sekunde, ...). Man rechnet gewissermaßen ***für*** einen bestimmten Zeitpunkt die mittlere Geschwindigkeit - z. B. für (die letzten) 10 Meter oder für (die letzten) 10 Sekunden - aus.

- -

Ein weiteres Beispiel für die Sinnlosigkeit der Multiplikation von $0 \cdot 0$:

Für die Berechnung der Fläche eines Quadrats mit einer Seitenlänge x ergibt sich folgendes Resultat:

$A = x\ cm \cdot x\ cm = x \cdot x\ cm^2 = x^2\ cm^2$

Wenn für die Seitenlänge x jedoch 0 cm eingesetzt wird, ergibt sich:

$A = 0\ cm \cdot 0\ cm = 0\ cm^2$

Die errechnete Fläche des Quadrats beträgt 0 cm^2, obwohl das Quadrat in Wahrheit gar nicht existiert. Warum sollte man von etwas nicht Existentem die Fläche ausrechnen? Es ist ohnehin nicht vorhanden.

- -

Für die Berechnung der Fläche eines klassischen Rechtecks mit einer Länge x und einer Breite y ergibt sich folgendes Resultat:

$A = x\ cm \cdot y\ cm = x \cdot y\ cm^2$

Wäre die Länge x doppelt so lange wie die Breite, erhält man folgendes Ergebnis:

$A = x\ cm \cdot 0{,}5x\ cm = 0{,}5x^2\ cm^2$

oder:

$A = 2y\ cm \cdot y\ cm = 2y^2\ cm^2$

Wenn für die Länge und die Breite jedoch 0 cm eingesetzt werden, ergibt sich:

$A = 0\ cm \cdot 0\ cm = 0\ cm^2$

Die Fläche des klassischen Rechtecks beträgt 0 cm^2, obwohl das Rechteck in Wahrheit gar nicht existiert. Warum sollte man abermals von etwas nicht Existentem die Fläche ausrechnen? Es ist ohnehin nicht vorhanden.

Womöglich kommt ein ganz Schlauer auch noch auf die Idee, zu behaupten, dass in diesem Beispiel Länge und Breite gleich lang (nämlich 0 cm) sind, und dass es sich deshalb gar nicht um ein klassisches Rechteck, sondern in Wahrheit um ein Quadrat handelt. Wahrscheinlich werden daraufhin regelrechte Debatten - ob klassisches Rechteck oder vielleicht doch ein Quadrat - vom Zaun gebrochen. In solch illustren Momenten begreift man erst, dass Genie und Wahnsinn nahe beisammen liegen. Da ist es besser, man beschäftigt sich lieber nicht mehr mit diesen Nulle(r)n.

Andererseits erscheint es nun (auch wegen jener absurden Flächenbeispiele) verständlich, warum man bei einer Multiplikation von $0 \cdot 0$ als Ergebnis eine Null verwendet, anstatt einer Allgemeinheit dessen Sinnlosigkeit (bzw. dessen Nicht-Definierbarkeit), weil nicht existent, zu erläutern.

- -

Abschließend sei mitgeteilt, dass bei solch einem Rechteckbeispiel die Berechnung der Fläche (etwa eines Grundstücks) mit einer Länge von z. B. 200 Meter ebenso völlig sinnlos ist, wenn die Breite 0 Meter misst. Kein normaler Mensch käme auf den Gedanken ein Grundstück mit 200 Meter Länge und 0 Meter Breite zu kaufen. Bei einer Breite von 0,0 Meter könnte die Länge des (angeblichen) Grundstücks sogar 10 Kilometer betragen, die Fläche wäre nach wie vor 0,0 m^2 bzw. 0,0 km^2. Auch wenn man es in diesem Fall mit einer (real existierenden) Länge zu tun hat, wäre das Ergebnis der Grundstücksfläche immer null. Aber falls weder Länge, noch Breite vorhanden sind, soll das Ergebnis - also das Grundstück - abermals null ergeben. In Wahrheit existiert es überhaupt nicht.

Als Kompromiss könnte man schließlich generell auf einen Unterschied von null (bzw. "nichts") und nicht existent (bzw. "nicht definiert") verzichten, wobei dann ...

unendlich - unendlich = 0

... ergeben müsste, was allerdings ein Problem darstellt. Man stelle sich vor, eine Person befindet sich unter freiem Himmel auf der Erdoberfläche und blickt nach links ... in die Unendlichkeit. Genauso könnte diese Person nach rechts schauen ... gleichfalls in die Unendlichkeit.

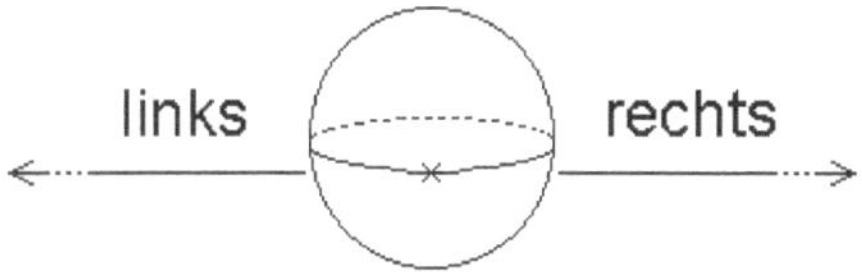

Ausgehend vom Standpunkt der Person hat man es in der linken Richtung mit einer unendlich langen Geraden zu tun, während die Gerade nach rechts ebenso unendlich lang ist. Unendlich plus unendlich ergibt wiederum unendlich - und (angeblich) nicht zweimal unendlich.

unendlich + unendlich = unendlich

oder seltsamer ausgedrückt:

"linkes" unendlich + "rechtes" unendlich = "gesamtes" unendlich

Wenn man jedoch ein "linkes" unendlich vom (gleich langen ! ? !) "rechten" unendlich abzieht (oder vom "gesamten" unendlich ein "gesamtes" unendlich subtrahiert), müsste sich als Resultat null ergeben.

Fatal wird das Ganze, wenn man vom "gesamten" unendlich nur ein "linkes" unendlich abzieht. Als Ergebnis müsste ein "rechtes" unendlich übrig bleiben. Es würde sich somit ...

unendlich - unendlich = unendlich

... ergeben. -- Richtig wäre eigentlich ...

2 · unendlich - unendlich = unendlich

... wobei **2 · *unendlich*** (angeblich) nicht existiert, weil ...

2 · unendlich = unendlich

... sein soll.

Noch fataler wird es, wenn man z. B. vom "linken" unendlich ein "gesamtes" unendlich subtrahiert. Das Resultat wäre dann ein negatives "rechtes" unendlich.

unendlich - unendlich = -unendlich

Tatsächlich müsste der Rechenvorgang ...

unendlich - 2 · unendlich = -unendlich

... lauten. Aber 2 · ***unendlich*** soll ja (angeblich) nicht existieren. In dieser Hinsicht ist es viel einfacher ...

unendlich - unendlich = ? ? ?

... als nicht definiert zu bezeichnen. In Wahrheit dürfte man während eines Rechenvorgangs zwei oder mehrere unendlich auf diese Weise gar nicht kürzen. So darf man nicht ...

2 · unendlich = unendlich

... setzen. Bei einem Endresultat könnte man diesen Kürzungsvorgang zwar erlauben. Wenn aber (mit dem Resultat) weitergerechnet werden sollte, muss man zur Fortsetzung der Berechnung natürlich das ursprüngliche Ergebnis heranziehen.

Gibt es mehr als ein einziges Universum?

Da unser Universum offenbar vor dem letzten Urknall für einen Moment (= für einen einzigen Augenblick bzw. Zeitpunkt) in einem einzigen "Punkt" komprimiert wurde, wobei für diesen einen Moment der Zeitablauf unendlich schnell war, dürften keine weiteren Universen existieren, weil ansonsten unser Universum (durch die Anziehungskräfte weiterer Universen) auf jeden Fall einer Anziehungsgeschwindigkeit (allen voran des nächstliegenden Universums) ausgesetzt gewesen wäre. Dadurch wäre unser Universum in Bewegung gewesen, und es hätte gar nicht zu einem unendlich schnellen Zeitablauf (mit anschließendem Urknall) kommen können.

Möglich wäre auch eine völlige Symmetrie aller übrigen Universen zu unserem Universum, wodurch sich sämtliche Anziehungskräfte bzw. Anziehungsgeschwindigkeiten, die auf unser Universum gewirkt haben müssen, aufgehoben hätten. Auf diese Weise wäre es zum absoluten Ruhezustand unseres Universums in einem einzigen "Punkt" (mit anschließendem Urknall) gekommen. Diese theoretische Möglichkeit ist jedoch mit (gleichsam) 100 %-iger Wahrscheinlichkeit ausgeschlossen.

In dieser Hinsicht ist es eher möglich, dass die gegenseitige Aufhebung sämtlicher Anziehungskräfte aller übrigen Universen - wenn auch nur für einen einzigen Moment - für unser in einem "Punkt" verdichtetes Universum einen unendlich schnellen Zeitablauf verursacht und somit einen Urknall ausgelöst haben könnte. Dass aber diese beiden Ereignisse - rein zufällig - zusammengefallen sein sollen, klingt allerdings sehr abwegig. Für solch einen Zufall (= Verdichtung unseres Universums in einem einzigen "Punkt" und gleichzeitige Aufhebung sämtlicher Anziehungskräfte aller Universen, um für unser Universum den absoluten Ruhezustand zu erzielen) müsste schon eine Ewigkeit vergehen, was völlig undenkbar ist.

Dennoch stellt sich die Frage, ob man für einen Urknall unseres Universums überhaupt einen Zustand absoluten Stillstands benötigt. Der Urknall unseres Universums könnte eigentlich auch ohne Berücksichtigung anderer Universen stattfinden. Oder ist der absolute Ruhezustand der durch Schwarze Löcher eingefangenen Materie doch die Voraussetzung für die Dematerialisierung und einen erneuten Urknall? Die Antwort lautet kurz und bündig: "Wie es aussieht - ja!" Der absolute Ruhezustand ist für einen Urknall notwendig. Ansonsten würden im Universum ständig irgendwo Schwarze Löcher explodieren, was aber nicht der Fall ist. Erst das größtmögliche hypermassive Schwarze Loch am Ende eines Materieuniversums schafft die Voraussetzung für einen erneuten Urknall. Und das Zentrum dieses größtmöglichen hypermassiven Schwarzen Lochs stellt gleichzeitig den Mittelpunkt des nächsten Urknalluniversums dar. Weitere Universen - Billionen oder Billiarden, Trillionen oder Trilliarden, ... Kilometer oder Lichtjahre entfernt - scheinen ***demzufolge*** unrealistisch zu sein.

Bei jedem Urknalluniversum dürften die äußersten Regionen (an Materie) nicht mehr durch Schwarze Löcher aufgesogen und letztendlich im ultimativen größtmöglichen Schwarzen Loch (eines Urknalluniversums) eingefangen und komprimiert werden. Aufgrund dessen müsste mit jedem neuen Urknalluniversum immer weniger Materie zur Verfügung stehen (weil die äußersten Materieregionen des Universums unerreichbar geworden sind) - bis eines Tages keine (bzw. kaum noch) Materie für einen erneuten Urknall vorhanden ist. Diese Situation entspricht dem Übergang in eine "neue" Epoche, die offenkundig von Strahlungsenergie dominiert wird. Ein Zustand, der ursprünglich vor dem ersten Urknall geherrscht haben muss. Aber durch das Zusammenwirken sämtlicher notwendiger Erscheinungsformen an Strahlungsenergie wird es (nach einer "halben" Ewigkeit) von neuem zur Bildung von Materie kommen, die ein klassisches Materieuniversum (mit Schwarzen Löchern für die Komprimierung des Universums) entstehen lassen wird.

Erst nach dieser (erneuten) einmaligen Entstehungsphase wird es zum ersten Urknall jenes neu entstandenen Materieuniversums kommen, das danach offenbar wiederum die äußersten Regionen während der (expansiven und der anschließenden) komprimierenden Phase verliert - bis eines Tages (nach zahllosen vonstatten gegangenen Urknalluniversen) abermals sämtliche Materie aufgebraucht sein wird.

Interessant ist in diesem Zusammenhang das Faktum, dass beim ersten Urknall (eines neu entstandenen Materieuniversums) das größte bzw.

schwerste Schwarze Loch mit dem anschließend größten Urknall entsteht. Beim zweiten Urknall (eines neu entstandenen Materieuniversums) fällt diese gesamte Prozedur schon um eine Nuance schwächer aus.

Schematische Darstellung von diesem Zyklus:

1. Reine Strahlungsenergie ist im Universum vorhanden

2a. Aus dieser Energie entsteht (nach einer "halben" Ewigkeit) das erste Materieuniversum

2b. Nach der Bildung von Schwarzen Löchern kontrahiert das Universum --> 1. Urknall

3a. Mit dem 1. Urknall entsteht das 1. Urknalluniversum (= 2. Materieuniversum)

3b. Nach der Expansion erfolgt wieder die Kontraktion des Universums --> 2. Urknall

4a. Mit dem 2. Urknall entsteht das 2. Urknalluniversum (= 3. Materieuniversum)

4b. Nach der Expansion erfolgt wieder die Kontraktion des Universums --> 3. Urknall

. . .
. . .
. . .

x-tes Materieuniversum entsteht, welches das letzte Materieuniversum in diesem Zyklus darstellt. Nach x Materieuniversen (bzw. nach x - 1 Urknalluniversen) dominiert wieder die Strahlungsenergie, und der Zyklus (beginnend mit 2a.) fängt wieder von vorne an. -- **Einschub**: siehe unten.

Da Licht im Vakuum mit der höchstmöglichen Geschwindigkeit (c = 299.792,458 km/s) unterwegs ist, bei der die Zeit stillsteht, unterliegt Licht im Vakuum sozusagen keinem "Alterungsprozess". Dies bedeutet: Licht im Vakuum "altert" nicht bzw. alles, was mit Lichtgeschwindigkeit (im Vakuum) unterwegs ist, "altert" nicht, wobei man sich ein Altern von Strahlungsenergie ohnehin nicht wirklich vorstellen kann bzw. irgendwie unsinnig klingt. Würde aber Licht das Vakuum verlassen (z. B. mit der Erdatmosphäre reagieren), würde das Licht (aber nicht die Lichtquanten ! !) an Geschwindigkeit verlieren, wodurch sinngemäß ein "Alterungsprozess" des Lichts einsetzen müsste. Das Licht dürfte dann keine (immaterielle) Strahlungsenergie mehr sein, sondern das Licht müsste in dieser Situation im Begriff sein, in etwas Materielles (in etwas Elementares, in ein Elementarteilchen) überzugehen, womit sich die Teilchentheorie des Lichts im Nicht-Vakuum 'erklären' würde.

Diese kosmische Strahlung (= Höhenstrahlung) müsste beim Übergang von einem immateriellen zu einem materiellen Zustand entsprechende Materie und Antimaterie schaffen. Aus "alterungsneutraler" Strahlung entsteht kurzfristig etwas Materielles und Antimaterielles, das dem Alterungsprozess unterliegt. Langfristig entsteht jedoch mehr Materie als Antimaterie, da es Antimaterie in einer Materiewelt - aus verständlichen Gründen - schwer hat, zu bestehen, obwohl grundsätzlich eine bestimmte Menge Antimaterie eine gleich große Menge Materie sofort wieder ("vernichten" bzw.) zerstrahlen lassen müsste. Weil aber offenbar nach unzähligen Millionen Gelegenheiten des Entstehungsprozesses von Materie-Antimaterie-Paaren um ***ein*** Materieteilchen mehr entsteht als Antimaterieteilchen, wird der Grund für dieses Phänomen wohl auf subatomarer Ebene zu finden sein.

Auf (un)endlich lange Sicht müsste auf diese Weise aus Strahlungsenergie beständig mehr Materie als Antimaterie entstehen und schließlich mit dem Verbrauch der gesamten Strahlungsenergie (theoretisch) nur noch Materie vorhanden sein, während von Antimaterie dann keine Spur mehr zu finden wäre. Dass dem nicht so ist, dafür sorgt jedoch der umgekehrte Prozess, indem Materie auch in Strahlungsenergie umgewandelt werden kann.

Offensichtlich ist alle Materie ursprünglich aus Strahlungsenergie hervorgegangen. Dass aber sämtliche Strahlungsenergie im Universum fix vorgegeben gewesen sein soll, ist kaum vorstellbar. Außerdem bleibt die Frage zu klären, warum beim Übergang von Strahlungsenergie in Materie alle x-millionenmal ***ein*** Materieteilchen mehr entsteht als Antimaterieteilchen. Womöglich liegt auch in dieser Hinsicht ein ähnlicher Grund vor, wie jener, der zur Bildung der Strahlungsenergie im Universum geführt hat.

Da die Materie und die (vernichtete) Antimaterie nicht aus dem "Nichts", sondern aus Strahlungsenergie hervorgegangen sind, wird wohl auch die Strahlungsenergie nicht aus dem "Nichts" entstanden sein. Vielmehr müsste diese Energie den gleichen Prozess wie die Materie durchgemacht haben. Und wenn es bezüglich der Materie auch eine Antimaterie gibt bzw. gegeben hat, könnte es analog zur Strahlungsenergie ebenso eine Gegen-Energie gegeben haben, die auf die gleiche Art verschwunden sein dürfte wie die Antimaterie. Und weil auch in dieser Hinsicht noch lange nicht die erste Ebene erreicht sein muss, könnte die Energie selbst ihren Ursprung aus ... usw. ... usf. ..., was nun vollends in die Science Fiction abzudriften droht.

Aber wenn in der Mathematik die Darstellung von (theoretisch) unendlich vielen Dimensionen möglich ist (z. B. bei der Berechnung von Matrizen), dann wird ersichtlich, dass der uns umgebende Raum nur ***eine*** Ebene von (theoretisch) unendlich vielen sein könnte, wobei jegliche Interaktion zwischen den Dimensionen ein Mysterium darstellt - genau wie das Mysterium eines Schwarzen Lochs, dessen perfekte Raum-Krümmung uns etwas Unsichtbares vorgaukelt, obwohl es sich dabei um ein real existierendes Phänomen handelt.

Andererseits kann diese Theorie von weiteren Ebenen ein reines Hirngespinst sein - insbesondere, wenn sich herausstellen sollte, dass neben unserem Materie- bzw. Urknalluniversum durchaus endlos viele andere Materieuniversen in hypergigantischen Abständen existieren. Diese Materieuniversen können nicht nur Billionen, Billiarden, Trillionen, Trilliarden, ..., sondern Oktillionen, Oktilliarden, ... Lichtjahre von unserem Materieuniversum entfernt sein. Eine Oktilliarde wäre beispielsweise eine Eins mit 51 Nullen. Und diese Oktilliarde Lichtjahre müsste man außerdem mit 9,46 Billionen multiplizieren, um die entsprechende Entfernung in Kilometer zu erhalten.

(Achtung: In Amerika gibt es nur Millionen-, Billionen-, Trillionen-, ... und keine Milliarden-, Billiarden-, Trilliarden-Werte, ...! Eine europäische Milliarde entspricht einer amerikanischen Billion, eine europäische Billion entspricht einer amerikanischen Trillion, usw.)

- -

Einschub (zum oben beschriebenen Zyklus eines ständig wiederkehrenden Materieuniversums):

Noch wahrscheinlicher ist, dass jene "Rückkehr zu Punkt 2a." in der Regel gar nicht stattfindet, sondern an ganz anderen Orten des Gesamtuniversums Strahlungsenergie in Materie umgewandelt wird und es auf diese Weise zu neuen Materieuniversen (mit zahllosen Galaxien) kommt. Die so entstandenen Materieuniversen werden im Normalfall "halbe" Ewigkeiten voneinander entfernt sein. Dennoch könnten solche Materieuniversen (in extremst seltenen Ausnahmefällen) auch in relativer Nähe zueinander existieren, wodurch sogar eine Verschmelzung zweier eigenständiger Materieuniversen möglich wäre. Bezogen auf das Ende unseres eigenen Materieuniversums (mit unzähligen Urknall-"Wiederholungen"), das eines Tages bevorsteht, könnte zum Teil mit **denselben** Energiebestandteilen (unseres eigenen, aktuellen Materieuniversums) in fernster Zukunft erneut ein eigenständiges Materieuniversum entstehen, welches man durchaus als Fortsetzung unseres aktuellen Materieuniversums (und somit als eine Art "Rückkehr zu Punkt 2a.") ansehen könnte.

- -

Bei solchen Distanzen wird einem erst bewusst, dass diesbezügliche Materieuniversen letzten Endes so gut wie keinen Einfluss mehr auf unser Materieuniversum haben. Dadurch wird leicht verständlich, dass unser (kontrahierendes) Materieuniversum in seiner Endphase tatsächlich einem absoluten Ruhezustand ausgesetzt sein könnte - vor allem, weil bezüglich des letzten existierenden hypermassiven Schwarzen Lochs sich sämtliche Materie **aus allen Richtungen** in einem einzigen "Punkt" verdichtet. Dadurch, dass die eingefangene Materie aus allen Richtungen in das Zentrum des letzten hypermassiven Schwarzen Lochs strömt, wird es zwangsweise zum absoluten Ruhezustand (bzw. zu einem So-gut-wie-Ruhezustand) kommen, der den Zeitablauf von einem Beinahe-Stillstand in etwas total Gegensätzliches umwandelt. Dieses **total Gegensätzliche** kann - zum einen

- ein unendlich schneller Zeitablauf (= Zeitpunkt) sein, der eigentlich gar nicht notwendig sein dürfte. Zum anderen könnte dieses **total Gegensätzliche** lediglich ein fast unendlich schneller Zeitablauf sein, der genauso zu einem Urknall führen müsste. Da in der Endphase eines Materieuniversums ein permanent langsamer werdender Zeitablauf - **völlig abrupt** - in einen (beinahe) unendlich schnellen Zeitablauf übergeht, wird dieser Übergang von einem zeitlichen Extrem ins andere der (bis ins Unermessliche komprimierten) Materie den Rest geben. Das heißt: Es erfolgt eine hypergigantisch rasante Alterung der Materie, die nur einen winzigen "Sekundenbruchteil" zuvor so gut wie keiner Alterung ausgesetzt war.

Anders (bzw. verständlicher) ausgedrückt: In der Endphase eines solchen Materieuniversums sind sämtliche Anziehungskräfte (aus allen Richtungen) beim letzten hypermassiven Schwarzen Loch weitaus größer als irgendwelche (möglichen) Anziehungskräfte des übrigen Gesamtuniversums (bzw. benachbarter oder weit entfernter Materieuniversen). Aus diesem Grund ergibt sich schlussendlich ein absoluter Ruhezustand unseres Materieuniversums in einem einzigen "Punkt", der den Zeitablauf in Richtung unendlich tendieren lässt - mit all den bekannten Folgen.

Es spielt somit überhaupt keine Rolle, ob oder wie viele andere Materieuniversen existieren bzw. wie viel Energie das übrige Gesamtuniversum besitzt. Alleine, dass - beim letzten hypermassiven Schwarzen Loch unseres Materieuniversums - **alle** Anziehungskräfte aus **allen** x-beliebigen Richtungen größer sind als irgendwelche Kräfte im gesamten übrigen Universum, garantiert bereits den **absoluten Ruhezustand** (in unserem eigenen "Materieuniversum") mit der Auswirkung eines nach unendlich tendierenden Zeitablaufs inklusive Zerstrahlung der Materie und dem unmittelbar darauf folgenden Urknall (des nächsten entstehenden Materieuniversums).

Wenn diese Theorie von unendlich vielen Materieuniversen wirklich richtig ist, dann ergäbe auch die (angebliche) Unendlichkeit eines Gesamtuniversums wieder einen Sinn. Denn es war schon immer ***schwer vorstellbar, dass unser (Materie)-Universum*** mit den zahllosen Galaxien ***das "Zentrum"*** einer (angeblichen) Unendlichkeit ***sein soll.*** Überdies würde diese Theorie nicht nur die allgemein angenommene Unendlichkeit plausibel erklären, sondern auch die vorhandene Menge an Strahlungsenergie in unserem Materieuniversum. Denn dadurch ist es möglich, dass ***Energie*** auch aus den Tiefen des Gesamtuniversums bzw. von einem Nachbar-Materieuniversum stammt, und somit (in der allgemein angenommenen Unendlichkeit) ***kein Fixum mehr*** darstellt. Zur Erinnerung: **Dass aber sämtliche Strahlungsenergie im Universum fix vorgegeben gewesen sein soll, ist kaum vorstellbar.**

Außerdem wird - bei Vorhandensein von (unendlich) vielen Materieuniversen - jenes Beispiel mit dem einsamen Planeten (ohne Eigenrotation), der beständig langsamer und langsamer wird, bis er schließlich den absoluten Ruhezustand erreicht hat und somit (wegen des nach unendlich tendierenden Zeitablaufs) vollkommen in Strahlungsenergie übergeht, nie stattfinden können. Durch die (wenn auch minimalen) Anziehungskräfte benachbarter Materieuniversen wird sich normalerweise stets eine gewisse Restgeschwindigkeit für den Planeten ergeben, wodurch er (offenkundig) niemals vor den Augen eines außenstehenden Beobachters von einem Moment zum anderen "verschwinden" wird.

Veranschaulichung der Extremsituationen im Weltall

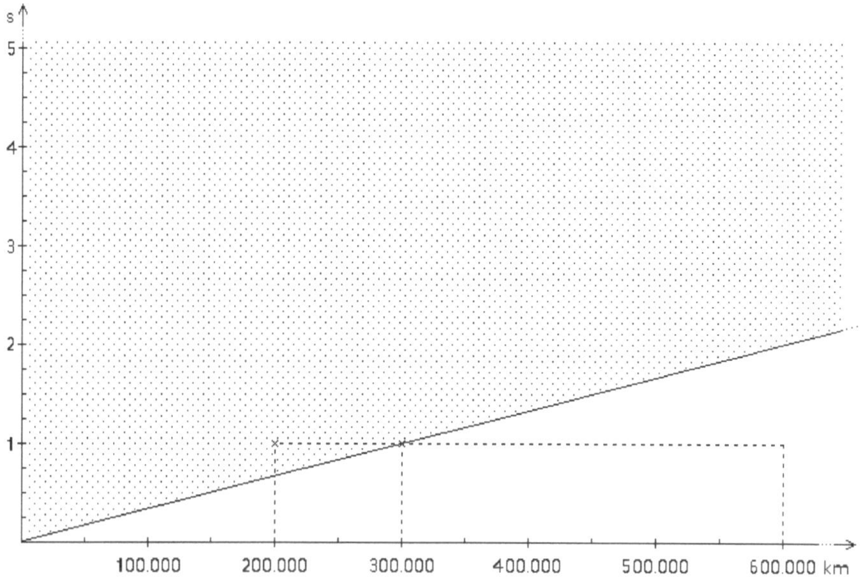

Bei diesem Diagramm (bestehend aus der horizontalen Wegachse und der vertikalen Zeitachse) ist jene schräge Linie eingezeichnet, welche die Lichtgeschwindigkeit markiert. Das Licht benötigt z. B. für 99.930,819 333 ... Kilometer ein Drittel einer Sekunde, während es in einer halben Sekunde 149.896,229 Kilometer zurücklegt. Und in zwei Sekunden schafft das Licht (im Vakuum) 599.584,916 Kilometer. Daraus ergibt sich die entsprechende Gerade, welche die Grenze für die Materie darstellt, die nie erreicht werden kann. Oberhalb dieser Gerade (im punktierten Bereich) befindet sich die Zone, in der sämtliche Geschwindigkeiten der Materiewelt enthalten sind. Die andere Begrenzungslinie für die Materiewelt stellt die vertikale Zeitachse dar. Sollte Materie in diesen Grenzbereich geraten, wäre die Geschwindigkeit und somit der zurückgelegte Weg der Materie gleich null, wodurch die Materie unendlich schnell altern und letztlich in Strahlungsenergie übergehen würde.

Die horizontale Wegachse zeigt das Verhalten des Lichtstrahls aus der Sicht des Lichts auf. Weil für das Licht kein Zeitablauf existiert, reist es mit unendlich hoher Geschwindigkeit und legt dabei jede beliebige Strecke (von null bis unendlich Kilometer) ohne Zeitaufwand (in null Sekunden) zurück.

In der weißen Zone (zwischen der horizontalen Wegachse und der Lichtgeschwindigkeitsgerade) befinden sich die Überlichtgeschwindigkeiten, die durch die Zeitdilatation erzielt werden. Sollte beispielsweise ein Raumschiff mit zwei Drittel der Lichtgeschwindigkeit (= 199.861,638 666 ... km/s) durchs All fliegen, würde es durch die Zeitdehnung quasi mit zweifacher Lichtgeschwindigkeit (= 599.584,916 km/s) unterwegs sein.

Der Weg zur Energieformel und ihre Erkenntnisse

Um die kinetische Energie (= Energie der Bewegung) von Objekten allgemein verständlich und berechenbar zu machen, bedurfte es der Gestaltung einer Formel, deren Komponenten auf jeden Fall aus der Masse M und der Geschwindigkeit v bestehen mussten.

Die entsprechende Formel konnte nur ...

Kinetische Energie = Masse M · Geschwindigkeit v

... oder so ähnlich lauten.

Doch Versuche zu der kinetischen Energie zeigten, dass dieser einfache Formelansatz nicht stimmen konnte. Ließ man ein Objekt mit einer Masse M aus einer bestimmten Höhe fallen, verursachte es eine kleine Delle bei seinem Aufprall im lockeren Erdreich. Ließ man dasselbe Objekt aus größerer Höhe fallen, wobei eine doppelt so hohe Endgeschwindigkeit (unmittelbar vor dem Aufprall) erreicht wurde, ergab sich stets eine viermal so tiefe Delle im Erdreich.

Zur Verdeutlichung:

Masse M = 4 kg Endgeschwindigkeit v = 2 m/s

Kin. Energie = 4 kg · 2 m/s = **8 kg · m/s**

Beziehungsweise:

Masse M = 4 kg Endgeschwindigkeit v = 4 m/s

Kin. Energie = 4 kg · 4 m/s = **16 kg · m/s**

Obwohl das Experiment eine viermal so tiefe Delle hinterließ, ergab die Berechnung nur ein doppelt so hohes Resultat für die kinetische Energie. Doch der deutsche Philosoph und Universalgelehrte Gottfried Wilhelm Freiherr von Leibniz (1646 - 1716) hatte anhand des Experiments die entsprechende Lösung parat. Er ersetzte v durch v^2 und hatte damit die optimale Vergleichsmöglichkeit für die Energiewirkung von bewegten Massen gefunden.

Zur Verdeutlichung:

Masse M = 4 kg   Endgeschwindigkeit v = 2 m/s

Kin. Energie = $M \cdot v^2 = 4\ kg \cdot 2\ m/s \cdot 2\ m/s$ = ***16 Newtonmeter***

Beziehungsweise:

Masse M = 4 kg   Endgeschwindigkeit v = 4 m/s

Kin. Energie = $M \cdot v^2 = 4\ kg \cdot 16\ m^2/s^2$ = ***64 Newtonmeter***

Als Ergebnis zeigt sich nun korrekterweise eine viermal höhere Energie als beim ursprünglichen Formelansatz.

Endformel: Kinetische Energie = $\frac{1}{2} \cdot M \cdot v^2$

Und aus dieser Formel für die kinetische Energie wurde die Energie-Masse-Relation ...

$E = M \cdot c^2$

... abgeleitet, wobei die Geschwindigkeit v durch die Lichtgeschwindigkeit c ersetzt wurde.

Was auf den ersten Blick legitim und vernünftig erscheint, mutet jedoch bei genauerem Hinsehen skurril und absonderlich an. Die Energie (E) ist gleich der Masse (M) mal der Lichtgeschwindigkeit zum Quadrat (c^2). Tatsache ist, dass Materie (= Masse) niemals Lichtgeschwindigkeit erreichen kann. Oder anders ausgedrückt: Nur etwas Immaterielles, etwas Masseloses (also M = 0) kann Lichtgeschwindigkeit erreichen. Was hat dann diese Formel für einen Sinn?

$E = M \cdot c^2$ ... stellt demnach blanken Unsinn dar. -- Oder doch nicht?

Diese Formel drückt einen Extremzustand (= Grenzwert) aus, der - bei Beibehaltung der Materie - nie erreicht wird. Trotzdem hat diese Formel einen Sinn. Nicht nur, weil sie besagt, dass Materie und Energie ineinander umgewandelt werden können. Materie ist somit nichts anderes als eine Form der Energie. Auch wenn Materie niemals Lichtgeschwindigkeit erreicht, so kann Materie durchaus nahe an die Geschwindigkeit des Lichts herankommen. Dieser Annäherung wären keine Grenzen gesetzt. Anhand eines einfachen mathematischen Beispiels sei diese Problematik nochmals erläutert:

Es soll die Summe der einzelnen Folgen von $0{,}5^x$ berechnet werden, wobei x alle Werte von eins bis unendlich annimmt.

$0{,}5^x = (1/2)^x$ (für alle x von eins bis unendlich)

$$\lim_{x \to \text{unendl.}} (1/2)^x = \frac{1}{2} + \frac{1}{4} + \frac{1}{8} + \frac{1}{16} + \frac{1}{32} + \frac{1}{64} + \ldots = 1$$

Obwohl in diesem Beispiel der Grenzwert der Serie beim Wert 1 liegt, wird dieser Wert nie erzielt, weil zur Erreichung dieses Werts unendlich viele Rechenschritte (= Aufsummierungen) nötig sind. Man kann sich jedoch beliebig nahe dem berechneten Grenzwert von 1 annähern. In dieser Hinsicht sind keinerlei Grenzen gesetzt - genau wie bei der Formel $E = M \cdot c^2$. Die Erreichung von Lichtgeschwindigkeit ist für Materieteilchen erst möglich, wenn sie in Strahlungsenergie umgewandelt werden. Jeglicher Verlust an Materie (= Masse) wird in Form einer gigantischen Energiemenge freigesetzt (z. B. bei der Kernenergie). Der auftretende Masseverlust ist somit das Äquivalent zur erzeugten Strahlungsenergie.

Auf die (angebliche) End- und Anfangsphase eines Urknalluniversums angewendet, bedeutet dies folgendes:

Nach der Expansionsphase eines Urknalluniversums erfolgt die Kontraktion (= Zusammenziehung) des Materieuniversums in einem einzigen "Punkt" - im letzten hypermassiven Schwarzen Loch. Die Anziehungsgeschwindigkeiten der letzten beiden hypermassiven Schwarzen Löcher erzielen Beinahe-Lichtgeschwindigkeit, weshalb der zeitliche Ablauf extrem verlangsamt wird. Die Massen der letzten existierenden hypermassiven Schwarzen Löcher des Materieuniversums sind exorbitant groß, wodurch der zeitliche Ablauf zusätzlich verlangsamt wird. Die größtmögliche Masse und die höchstmögliche Geschwindigkeit (des Materieuniversums) sind unmittelbar vor dem Ende dieser Kontraktionsphase erreicht.

$E = M \cdot c^2$ (M = hyperextrem groß; v = Beinahe-c)

Jede andere potenzielle Anziehungsgeschwindigkeit aus dem übrigen Gesamtuniversum ist geringer als die Kontraktionsgeschwindigkeit (des Materieuniversums) unmittelbar vor dem Ende der Kontraktion. Ist der Endzustand der Kontraktion eingetreten, wird die Geschwindigkeit - auf einen Schlag - gleich null. Der zeitliche Ablauf (von beinahe null) schlägt um und tendiert Richtung unendlich. In diesem unendlich schnellen Zeitablauf, der lediglich einen Zeitpunkt darstellt, braucht die Materie bloß ein Alter von 80 Billiarden, 100 Billiarden, 120 Billiarden, ... Jahre erzielen, um vollständig in Strahlungsenergie überzugehen. Mit diesem zeitgleichen Übergang sämtlicher Materie in etwas Immaterielles wird nicht nur der unendlich schnelle Zeitablauf abrupt beendet, sondern es geht auch die gesamte Schwerkraft (am Ende des Materieuniversums) verloren.

[Energie = $M \cdot c^2$ M war hyperextrem groß; v hatte Beinahe-c]

Energie = $M \cdot v^2$ (urplötzlich wird $v = 0$; gleichzeitig wird $M = 0$)

Die Energie (z. B. Bewegungsenergie) geht jedoch nicht verloren, sondern wird lediglich in eine andere Energieform (z. B. Wärmeenergie) umgewandelt. Dieser Übergang in etwas Immaterielles sowie der (unmittelbar folgende, aber dennoch) **gleichzeitige** Verlust der Schwerkraft der Materie führen zur größtmöglichen Freisetzung von Energie (am Beginn des nächsten Urknall- bzw. Materieuniversums).

Im Grunde ist ein Urknall etwas Ähnliches wie die Explosion einer Riesensonne (= Supernova). Dass eine Sonne unmittelbar nach ihrer Entstehung nicht explodiert, liegt in erster Linie an ihrer enormen Schwerkraft, die ins Innere des Sterns wirkt. Der expansiven Kraft der permanenten Kernfusionsvorgänge - unzähligen Explosionen von Wasserstoffbomben gleich - tritt sozusagen eine gleichwertige Gravitationskraft entgegen. Die einzige normale Möglichkeit, dass eine dieser beiden Kräfte die Oberhand gewinnt, ist das zum Erliegen kommen des Kernfusionsprozesses. Sollten die Tage solch eines Sterns gezählt sein, gehen seine expansiven Kräfte bei der anschließenden Supernova endgültig verloren. Die äußeren Schichten der Riesensonne werden ins Weltall gesprengt, während das Innere durch die verbliebene Schwerkraft (inklusive Elektromagnetismus) zu einem Schwarzen Loch kollabiert.

Bei einem Urknall hingegen geht bei Erreichen des absoluten Stillstands die Gravitation "verloren", weil sich (durch den unendlich schnellen Zeitablauf) die Materie in masselose Strahlungsenergie umwandelt. Mit dem plötzlichen Verlust der Schwerkraft gewinnen die expansiven Kräfte die Oberhand und führen zur größtmöglichen Explosion eines Urknalluniversums.

Bei all diesen Aussagen zum Urknallphänomen ist jedoch eine sehr wichtige und entscheidende Überlegung ständig außer Acht gelassen worden. Für das letzte verbliebene hypermassive Schwarze Loch, das sich am Ende des Kontraktionsprozesses unseres Materieuniversums alle anderen Schwarzen Löcher einverleibt hat, wurde bisher immer angenommen, dass es zum Schluss den absoluten Ruhezustand erreicht hat, wodurch der nächste Urknall ausgelöst würde. Tatsächlich kann das letzte hypermassive Schwarze Loch eines Materieuniversums in Bewegung sein, wenn es zum Beispiel um seine eigene Achse rotiert, was sogar der Normalfall sein dürfte. Dennoch wird auch in diesem Fall die Kontraktion des Materieuniversums in einen Urknall münden.

Allgemein wird davon ausgegangen, dass in einem Schwarzen Loch die Zeit stillsteht und die darin enthaltene Materie somit nicht altert. Möglicherweise ist diese Annahme nicht ganz korrekt, weil der Zeitablauf in einem Schwarzen Loch zwar in Richtung null tendiert, aber in letzter Konsequenz dieser Stillstand des Zeitablaufs nicht unbedingt gegeben sein muss. Mit der Aufnahme zusätzlicher Materie (welche theoretisch unbegrenzt vonstattengehen könnte) wird sich der Zeitablauf wahrscheinlich beständig dem Wert null nähern, ohne diesen Extremwert jemals zu erreichen.

In solch einem rotierenden Schwarzen Loch ist die völlig zusammengepresste Materie (auf ihrer "Umlaufbahn") vom Rand bis zur Mitte in Bewegung - ausgenommen in ihrem Zentrum. In diesem Bereich kreist die Materie nicht auf einer Bahn, sondern sie dreht sich lediglich um die eigene Achse. Das Zentrum dieses letzten rotierenden hypermassiven Schwarzen Lochs unterliegt also im absoluten Ruhezustand keiner klassischen Bewegung - außer der Eigenrotation, weshalb der Zeitablauf nach unendlich tendieren müsste. Dieser ***Zeitablauf in Richtung unendlich*** ist allerdings völlig konträr zum gesamten übrigen Schwarzen Loch, wobei der "***absolute Ruhezustand***" (= Geschwindigkeit gleich null) auf jeden Fall schwerer wiegen wird als die "***größtmögliche Masse***" eines Schwarzen Lochs und dem daraus folgenden, ***nach null tendierenden Zeitablauf***. Zusätzlich bewirkt ein Zeitablauf in Richtung unendlich, dass die Materie in diesem zentralen Bereich ultraextrem schnell altert und sofort in Strahlungsenergie übergeht, wodurch Materie (bzw. Masse) verloren geht. Andererseits rückt (durch die Gravitation des Schwarzen Lochs) die Materie der nächsten äußeren Schicht in das Zentrum vor, der genau das gleiche Schicksal widerfährt. Dieser ständig wiederkehrende Prozess läuft so unglaublich schnell ab, dass man beinahe von "Gleichzeitigkeit" sprechen könnte. Und als Ergebnis erhält man die größtmögliche Explosion eines (neu entstehenden) Materieuniversums.

Die Entstehung eines Urknalluniversums

Vorabinformation:

Ein Atom besteht aus negativ geladenen Elektronen (= Atomhülle) und einem Atomkern. Die Elektronen sind Elementarteilchen und gehören (wie die Neutrinos) zur Hauptgruppe der Leptonen. Der Atomkern seinerseits enthält die positiv geladenen Protonen und die neutralen Neutronen. Die Protonen (bestehend aus zwei Up-Quarks und einem Down-Quark) sowie die Neutronen (bestehend aus zwei Down-Quarks und einem Up-Quark) sind ebenso Elementarteilchen und gehören zur Hauptgruppe der Hadronen. Die Quarks wie auch die Elektronen besitzen eine Masse, aber keine messbare Ausdehnung.

Die Planck-Ära und der Beginn der GUT-Ära

Die Dichte wird beim Urknall etwa 10 hoch 94 g pro cm^3 betragen, und die Temperatur wird ungefähr 10 hoch 32 Kelvin erreichen. Mit der Planck-Ära 10 hoch -43 Sekunden nach dem Urknall sind alle vier Grundkräfte der Natur ...

- die Gravitation oder Schwerkraft
  (ist für die Bildung von Strukturen im Makrokosmos zuständig),

- die starke Wechselwirkung oder starke Kernkraft
  (hält die Quarks in den Hadronen zusammen),

- die schwache Wechselwirkung oder schwache Kernkraft
  (wirkt zwischen allen Elementarteilchen und ist für die Umwandlung von einem Elementarteilchen in ein anderes verantwortlich),

- der Elektromagnetismus oder die elektromagnetische Kraft
  (beschreibt den Austausch zwischen elektrisch geladenen Teilchen)

... in einer gemeinsamen Urkraft vereint. Mit dem Beginn der Ausdehnung des Urknalluniversums erfolgt die Abspaltung der Gravitation als selbständige Kraft. Die übrigen drei Kräfte bilden die GUT-Kraft (= Grand Unified Theory). Die extrem hohe Temperatur führt dazu, dass sich Teilchen und Energie permanent ineinander umwandeln. Aufgrund einer Asymmetrie der GUT-Kraft wird sich ein geringer Überschuss an Materie (gegenüber der Antimaterie) herauskristallisieren, die so genannte Baryogenese. Dieser Überschuss von etwa einem Milliardstel an Materie bildet letzten Endes die Grundlage für das entstehende Materieuniversum.

Das inflationäre Universum

Nach 10 hoch -36 Sekunden fällt die Temperatur auf etwa 10 hoch 27 Kelvin. Bei dieser Temperatur wird sich die starke Wechselwirkung von der GUT-Kraft abspalten, was als weitere Symmetriebrechung bezeichnet wird. Die bei dieser Abspaltung freigewordene Energie führt zu einer äußerst raschen Ausdehnung des Kosmos - dem inflationären Universum.

Die Quark-Ära

Nach 10 hoch -33 Sekunden sinkt die Temperatur weiter auf 10 hoch 25 Kelvin. Es formieren sich Quarks und Antiquarks - die Bausteine der schweren Teilchen. Die Temperatur ist jedoch so hoch, dass keine stabilen Protonen oder Neutronen entstehen können. Es bildet sich ein Quark-Gluon-Plasma. Schwerere Teilchen (wie die X-Bosonen) verschwinden, weil sie instabil sind und weil die Höhe der Temperatur für ihre neuerliche Entstehung nicht mehr ausreicht.

Die Topophase

Eine Billiardstelsekunde (10 hoch -15 Sekunden) nach dem Urknall steigt die Temperatur unter Umständen kurzfristig an, wobei abermals schwere Teilchen entstehen können. Dennoch wird die Temperatur unverzüglich weitersinken, wodurch diese Teilchen schnell wieder zerfallen.

Die Abspaltung der restlichen Grundkräfte

Nach einer Billionstelsekunde wird das Universum auf zirka 10 Billiarden Kelvin abkühlen. In dieser Phase trennen sich die schwache Wechselwirkung und die elektromagnetische Kraft voneinander. Die Aufteilung der Urkraft in die vier geschilderten Grundkräfte ist dadurch endgültig vollzogen.

Die Hadronen-Ära

Eine Millionstelsekunde nach dem Urknall ergibt sich eine Temperatur von etwa 10 Billionen Kelvin. Die Quarks können nicht mehr als freie Teilchen bestehen und vereinigen sich zu Hadronen. Mit beständig sinkender Temperatur zerfallen die schwereren Hadronen, und es bleiben letztlich nur Protonen und Neutronen sowie ihre Antiteilchen übrig. Durch die andauernde Umwandlung von Protonen in Neutronen und umgekehrt entsteht zudem eine große Menge an Neutrinos.

Die Leptonen-Ära

Nach einer Zehntausendstelsekunde fällt die Temperatur auf eine Billion Kelvin. Fast alle Protonen und Neutronen werden bei Zusammenstößen mit ihren Antiteilchen ausgelöscht - bis auf den bereits erwähnten Überschuss an Materieteilchen. In dieser Situation bildet sich ein Verhältnis der Protonen zu den Neutronen im Ausmaß von 6 : 1, was eine entscheidende Auswirkung auf den nachfolgenden Heliumanteil im Weltall hat. Ab diesem Zeitpunkt reicht die Temperatur nur mehr, um Leptonen-Paare, wie das Elektron und sein Antiteilchen zu bilden. Die Dichte sinkt auf 10 hoch 13 g pro cm^3. Für die Neutrinos ist die Dichte nun so gering, dass sie sich vom thermischen Gleichgewicht lösen und entkoppeln, wobei sie kaum noch Wechselwirkungen (mit anderen Teilchen) eingehen.

Eine Sekunde nach dem Urknall liegt eine Temperatur von etwa 10 Milliarden Kelvin vor. Ab jetzt annihilieren sich auch die Elektronen und ihre Antiteilchen, die Positronen - bis auf den angesprochenen Überschuss von ungefähr einem Milliardstel an Elektronen. Mit diesem abschließenden Schritt ist die Bildung der Bausteine der Materie weitestgehend beendet.

Der Beginn der Nukleosynthese

Nach 10 Sekunden tendiert die Temperatur in Richtung eine Milliarde Kelvin (bzw. Grad Celsius), und es kommt zur primordialen Nukleosynthese, bei der sich Protonen und Neutronen (jeweils aus drei Quarks bestehend) durch Kernfusion erstmals zu Atomkernen verbinden. Bei diesem Vorgang entstehen zirka 24 Prozent Helium-4 bzw. 0,001 Prozent Deuterium sowie geringe Spuren von Helium-3, Lithium und Beryllium. Rund 75 Prozent bestehen aus Protonen, die sich später zu Wasserstoffatomkernen formieren. Nach 2 bis 3 Minuten unterschreitet das Urknalluniversum die Temperatur von einer Milliarde Kelvin.

5 Minuten nach dem Urknall kommt die Atomkernbildung wegen der abnehmenden Dichte der Materie zum Stillstand. Die übrigen freien Neutronen zerfallen während der folgenden Minuten in Protonen und Elektronen. Dennoch ist die Temperatur nach wie vor so enorm, dass die Materie ein Plasma darstellt - ein Potpourri aus ungebundenen Atomkernen, Protonen und Elektronen.

Das Ende der Strahlungs- und der Beginn der Materie-Ära

Die elektromagnetische Strahlung hat bisher den größten Teil der Energiedichte im Urknalluniversum ausgemacht. Durch die Expansion des Weltraums sinkt jedoch die Energiedichte der Strahlung schneller als die der Materie. Zirka 10.000 Jahre nach dem Urknall fällt die Energiedichte der Strahlung unter diejenige der Materie, welche ab diesem Zeitpunkt die Dynamik des Urknalluniversums bestimmt.

Die Entkopplung der Hintergrundstrahlung

Zu Beginn ist die Strahlung in ständiger Wechselwirkung mit den freien Ladungen gestanden (= undurchsichtiges Universum), denn Licht wechselwirkt sehr leicht mit der negativen elektrischen Ladung eines freien Elektrons. Die (nun entstandenen) Kerne der Atome haben eine entgegengesetzte positive Ladung. Und wenn sich Elektronen und Atomkerne verbinden, werden sie elektrisch neutral, wodurch die Atome nur noch schwach mit den Photonen reagieren.

Nach 300.000 bis 400.000 Jahren fällt die Temperatur auf etwa 3.000 Kelvin ab, bei der die Atomkerne und Elektronen stabile Atome bilden. Die Wechselwirkung von Photonen mit neutralen Atomen ist so gering, dass sich die Lichtstrahlen weitgehend ungehindert ausbreiten können. Das Universum wird durchsichtig. Diese Hintergrundstrahlung ist heute noch messbar und entspricht einer Temperatur von 2,73 Kelvin (= Drei-Kelvin-Strahlung).

Die Bildung von großräumigen Strukturen

Infolge der Entkopplung der Strahlung gerät die Materie stärker unter den Einfluss der Gravitation. Eine Million Jahre nach dem Urknall bilden sich durch räumliche Dichteschwankungen großräumige Strukturen im Weltall. In diesem Zusammenhang beginnt die Materie in den Regionen mit höherer Massedichte aufgrund gravitativer Instabilität zu kollabieren und Masseansammlungen zu bilden. Es entstehen so genannte Halos aus Dunkler Materie, die als Gravitationssenken wirken, in denen sich in weiterer Folge die sichtbare Materie anhäuft.

Die Entstehung von Galaxien und Sternen

Eine Milliarde Jahre nach dem Big Bang entstehen zahlreiche Galaxien in Form von Quasaren. Diese Galaxien besitzen ein Schwarzes Loch in ihrem Zentrum, in das große Mengen an Materie stürzen, was gewaltige Ausbrüche an Strahlungen zur Folge hat.

Außerdem haben sich viele kollabierende Gaswolken mittlerweile so stark verdichtet, dass sich Sterne und Kugelsternhaufen formieren. In den kleineren Sternen entstehen durch Kernfusion alle schwereren Elemente bis zum Eisen, während die extrem großen Sterne schon nach wenigen Millionen Jahren als Supernova explodieren. Bei solch einer Explosion werden Elemente schwerer als Eisen gebildet und in den interstellaren Raum des Urknalluniversums geschleudert.

Allerdings könnte sich mit jeder Entstehung eines Urknalluniversums - abwechselnd bzw. völlig wirrwarr - mal ein Materie-, mal ein Antimaterieuniversum entwickeln. Die Entscheidung, ob die Materie oder die Antimaterie die Oberhand gewinnt, müsste bereits im ersten Sekundenbruchteil nach dem Urknall erfolgen. Die Möglichkeit der Entstehung eines entsprechenden Antimaterieuniversums erscheint durchaus nachvollziehbar und würde keinen (wirklichen) Unterschied zu einem Materieuniversum bedeuten. Intelligente Lebewesen würden sich in jener Antimateriewelt wohl selbst (sowie ihre Umwelt) als Materie und die entsprechende Gegenmaterie als Antimaterie bezeichnen.

- -

Zusatzinformation:

Elektronen umschwirren den Atomkern (bestehend aus Protonen und Neutronen) und bilden sozusagen die "harte Schale". Dabei ist zu beachten, dass man es im atomaren und subatomaren Bereich mit sehr vielen Leerräumen (z. B. zwischen dem Atomkern und den Elektronen) zu tun hat.

Typisch für solche Leerräume ist auch das Verhältnis der jeweiligen drei Quarks zu ihren Protonen bzw. Neutronen. Somit beträgt die Gesamtmasse der drei Quarks nur einen Bruchteil der Masse eines Protons bzw. Neutrons. Deshalb ist es nicht verwunderlich, dass im Atomkern noch zahlreiche andere weitaus kleinere (zumeist namenlose) Teilchen herumschwirren müssen, die jedoch mit den heutigen Messgeräten nicht zu erfassen sind. Das Aufspüren dieser Teilchen wird - wie immer - neue Erkenntnisse liefern, bis eines Tages die unterste Ebene erreicht sein wird, die aller Voraussicht nach nur noch aus Schwingungen besteht, wodurch die Wellennatur wieder zum Tragen kommt.

Je größer die Struktur ist, umso weniger zahlenmäßig ist sie vorhanden. Je tiefer man die Ebenen hinabschreitet, umso größer wird die Anzahl. In dieser Hinsicht hat man es mit ***einem*** Materieuniversum, aber mit vielen Galaxien, mit zahlreichen Sonnensystemen, mit noch zahlreicheren Planeten und weitaus zahlreicheren Monden zu tun ..... - bis zu den unzähligen Atomen, den zahlloseren Protonen bzw. Neutronen, den noch zahlloseren Quarks und den weitaus zahlloseren kleineren Teilchen ..... bis zur untersten Einheit, den (offensichtlichen) Schwingungen, wobei die Materie diese Schwingungen regelrecht "gefangen zu halten" scheint.

Das gleiche Prinzip ist in der Natur immer wieder festzustellen. Als Beispiel sei der Asteroidengürtel genannt, wo wenige große, viele mittlere und zahlreiche kleinere Asteroiden sowie zahllose winzige Bruchstücke um die Sonne kreisen.

Ansatz zur Erklärung des Materie-Antimaterie-Paradoxons

Wenn die Höhenstrahlung des Weltalls mit der Erdatmosphäre kollidiert, entstehen ständig Materie-Antimaterie-Paare, die sich in der Regel unverzüglich annihilieren (= auslöschen) und wieder in Strahlungsenergie übergehen. Sollte allerdings alle x-millionenmal um ein Materieteilchen mehr entstehen als Antimaterieteilchen, dann ist dieser Vorgang ein merkwürdiges Ereignis. In dieser Hinsicht wären x Millionen Materieteilchen genau x Millionen - 1 Antimaterieteilchen gegenübergestanden, wobei anscheinend 2 · x Millionen - 2 Materie- und Antimaterieteilchen wieder vernichtet und in Strahlung transformiert worden sind.

Das Seltsame ist, dass ein einziges Materieteilchen dieses Massaker überlebt haben soll, weil - gegen alle üblichen Gepflogenheiten - angeblich kein dazugehöriges Antimaterieteilchen gebildet worden ist. Solch ein Vorkommnis wird allgemein als Symmetriebrechung bezeichnet. Aber ist diese Symmetriebrechung wirklich möglich bzw. tatsächlich so abgelaufen, wie sie eben beschrieben wurde? Was ist, wenn diese Annahme falsch ist und sehr wohl gleich viele Materieteilchen und Gegenteilchen entstanden sind? Genauso könnte alle x-millionenmal etwas anderes, etwas ganz Eigenartiges passiert sein.

Es ist eine Tatsache, dass aus Strahlung (R) sowohl ein Materieteilchen (M) als auch ein Antimaterieteilchen (A) entstehen.

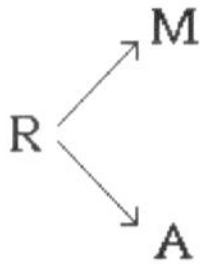

100 %-ig richtig!

Andererseits ist es ebenso Tatsache, dass sich aus einem Materieteilchen (M) und einem Antimaterieteilchen (A) wieder Strahlung (R) ergibt.

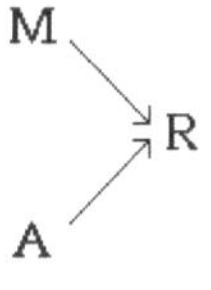

100 %-ig richtig!

Doch alle x-millionenmal soll aus Strahlung ein (stabiles) Materieteilchen entstehen, ohne ausgelöscht zu werden - ein Symmetriebruch also.

R ----> M So wirklich richtig?

Andererseits kann aus Materie ebenso Strahlung entstehen. Auch dies ist erwiesen.

M ----> R So wirklich richtig?

Aber dieser Vorgang wäre erneut ein anomales Ereignis - wie ein Rückgängigmachen des Symmetriebruchs. Ist so etwas tatsächlich möglich? Wie kommt ein ***einzelnes*** Materieteilchen dazu, wieder in Strahlung überzugehen **und** beim nächsten Übergang dieser Strahlung sowohl ein Materie- als auch ein Antimaterieteilchen entstehen zu lassen?

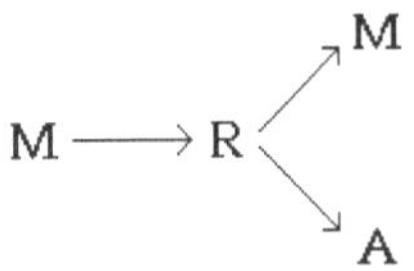

Hier liegt abermals ein logischer Widerspruch vor! Woher kommt plötzlich dieses Antimaterieteilchen, wenn es (angeblich) zuvor nicht vorhanden war? Alleine dies wäre ein erneuter Symmetriebruch, der doch nur alle x-millionenmal vorkommen soll, wobei unmittelbar davor - beim Übergang von Materie in Strahlung (M ---> R) - gleichfalls ein eigenwilliges (= anomales) Ergebnis vorgelegen hat. Zwei Symmetriebrüche hintereinander sind normalerweise überhaupt nicht möglich! Falls dieses Beispiel nur eine einmalige Ausnahme wäre, so müsste, wenn Materie in Strahlung transformiert und diese Strahlung (irgendwann in der Zukunft) wieder retransformiert wird, jedes Mal (aufgrund der extrem seltenen Symmetriebrechung) ein Materie-Antimaterie-Paar entstehen. Man kann es drehen und wenden, wie man will: Nach einer erfolgten Symmetriebrechung folgt (irgendwann in der Zukunft, aber dennoch) unmittelbar darauf die nächste Symmetriebrechung, die laut Statistik nicht stattfinden hätte dürfen. Dies lässt nur zwei Schlüsse zu: Entweder ereignet sich diese Symmetriebrechung gar nicht alle x-millionenmal, sondern weitaus öfter, was jedoch Unsinn ist - oder diese Symmetriebrechung selbst ist ein Unsinn.

Die Suche nach einer neuen Erklärung:

Wenn Strahlung in ein Materie-Antimaterie-Paar übergeht, könnten sich die zwei gegensätzlichen Teilchen (aus ihrer Materie- und ihrer Antimateriewelt) nicht gegenseitig vernichtet haben, sondern das eine Teilchen hat das andere aufgenommen - sie haben quasi "fusioniert", indem womöglich eines "inhaliert" wurde. Wie bei einem genetischen Defekt, wo bei der Regeneration von Zellen nicht eine erneuerte Zelle, sondern eine Krebszelle entsteht, so könnte beim Antimaterieteilchen (bzw. beim Materieteilchen) alle x-millionenmal ebenfalls etwas nicht der Norm (oder einem ganz speziellen Zustand) entsprechen. Daraus ergibt sich ein besonders eigenwilliger Ablauf, indem es nicht zur gegenseitigen Auslöschung kommt, weil sich die beiden Teilchen nicht mehr als etwas Gegensätzliches erkennen (können).

Bei der Fusion von Wasserstoff (mit einem Proton im Atomkern) zu Helium (mit zwei Protonen im Atomkern) zeigt sich auf die gleiche Weise ein scheinbar unerklärlicher Vorgang: Wie können positiv geladene Protonen im neu geschaffenen Element Helium zueinander finden, wenn sie sich in Wahrheit abstoßen müssen? Bei solch einer kernchemischen Reaktion unter extrem hohen Temperaturen fusionieren leichte Kerne zu einem schweren Kern, indem Protonen (inklusive Neutronen als "Isolatoren") eingefangen werden. Und etwas Ähnliches wird wohl - bei entsprechender Voraussetzung - mit den Materie- und Antimaterieteilchen geschehen.

Im Normalfall entsteht aus Strahlungsenergie (R) ein Teilchenpaar aus Materie (M) und Antimaterie (A). Dieses Paar löscht sich jedoch aus, und es bildet sich wieder Strahlungsenergie (R).

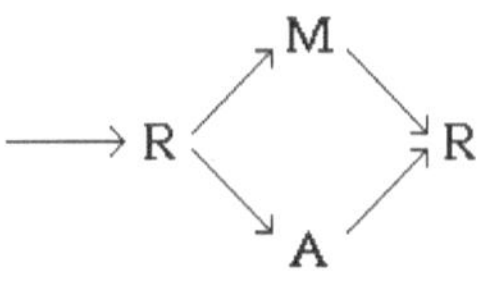

Wenn aber alle x-millionenmal (z. B. einmal in 983 Millionen Fällen) etwas Eigenartiges geschieht, indem (angeblich) kein Antimaterieteilchen gebildet wird, wodurch das Materieteilchen nicht annihiliert werden kann, entsteht ein real existierendes Teilchen der Materiewelt. Falls allerdings das Antimaterieteilchen dennoch gebildet werden sollte und es vom Materieteilchen regelrecht "verschluckt" wird, dann liegt keine klassische Symmetriebrechung vor, sondern möglicherweise eine nachvollziehbare Erklärung, wie aus Strahlungsenergie etwas entstehen kann, das eine starke (sowie eine schwache) Kernkraft und (vor allem bei Bildung größerer Strukturen) eine Schwerkraft besitzt. Aus dem (ursprünglich instabilen) Materie-Antimaterie-Paar (welches sich üblicherweise wieder auslöscht) ist ein real existierendes und beständiges Materieteilchen (MA) entstanden, das nur aufgrund des "Antimaterieinhalts" existieren kann. Die Antimaterie ist also gar nicht "verschwunden". Im Gegenteil. Sie ist sogar die Voraussetzung, dass sich stabile, existenzfähige Materie entwickelt - im Gegensatz zur instabilen Materie (M).

Nach bisherigen Kenntnissen stellte die Materie fast zur Gänze leeren Raum dar. In Wahrheit wird die Materie ausschließlich "leerer Raum" sein, weil sich die so genannte Masse wohl erst durch das Vorhandensein von Antimaterie entwickeln kann. Im Inneren von stabiler Materie (MA) muss - im wahrsten Sinn des Wortes - die Hölle los sein, weil die "Antimaterie" wie eingefangen wirkt, aber trotzdem um jeden verfügbaren Raum ihrer Existenz "kämpft". Die Antimaterie hat womöglich den einzigen Zufluchtsort gefunden, der sie (und die Materie) vor der ständigen Vernichtung (= Zerstrahlung) bewahrt. Wie eine eigenständige Welt könnte sie durch die sie umgebende Materiehülle abgeschirmt sein. Wie ein Virus (oder eine eigene "Dimension") scheint die Antimaterie in die Materie eingedrungen zu sein und hat offensichtlich ein Gleichgewicht zur gegenseitigen Existenz geschaffen.

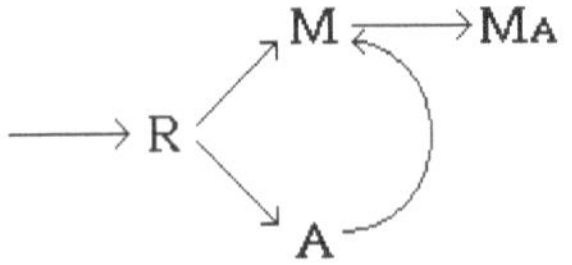

Umgekehrt kann ebenso alle x-millionenmal (z. B. einmal in 983 Millionen Fällen) etwas Seltsames passieren, indem kein Materieteilchen gebildet wird, wodurch das entstandene Antimaterieteilchen nicht annihiliert werden könnte, wenn es nicht Bestandteil einer bereits existierenden Materiewelt wäre. Falls allerdings das dazugehörige Materieteilchen dennoch gebildet werden sollte und es vom Antimaterieteilchen regelrecht "verschluckt" wird, dann liegt keine klassische Symmetriebrechung vor, sondern möglicherweise eine nachvollziehbare Erklärung, wie aus Strahlungsenergie etwas entstehen kann, das eine starke (sowie eine schwache) Kernkraft und (vor allem bei Bildung größerer Strukturen) eine Schwerkraft besitzt. Aus dem (ursprünglich instabilen) Antimaterie-Materie-Paar ist ein real existierendes und (scheinbar) beständiges Antimaterieteilchen (AM) entstanden, das jedoch in der bestehenden Materiewelt nicht überleben kann. Die von der (normalerweise stabilen) Antimaterie (AM) eingeschlossene Materie (M) wird somit beim erstbesten Zusammenprall mit Materie wieder freigesetzt, da sich Antimaterie und Materie im gleichen Ausmaß annihilieren. Eine weitere Aufnahme (= "Verschlucken") von Materie (M) durch die Antimaterie (AM) wäre zudem nicht mehr möglich. Ganz im Gegenteil. Dadurch, dass ein instabiles Materieteilchen (M) freigesetzt wird, muss auch mindestens ein instabiles Antimaterieteilchen (A) existieren, auf das in einer bestehenden Materiewelt nur seine Vernichtung (durch Annihilierung) warten kann.

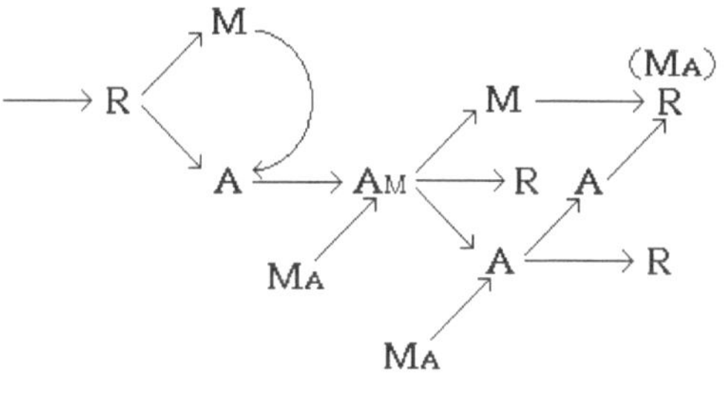

Das (scheinbar) stabile Antimaterieteilchen (AM), welches in unserer Materiewelt keine Existenzchance hat, annihiliert mit einem stabilen Materieteilchen (MA), wodurch ein instabiles Materieteilchen (M) und ein instabiles Antimaterieteilchen (A) freigesetzt werden. Diese Art einer Kettenreaktion setzt sich solange fort, bis sich ein instabiles Teilchen (M) und ein instabiles Antiteilchen (A) gefunden und gegenseitig ausgelöscht haben - oder eventuell einmal in x Millionen Fällen zu etwas Stabilem zusammenfinden (d. h. in einer Materiewelt käme es dann zu einem stabilen Materieteilchen (MA)). Dieses ultimative gegenseitige Auffinden von instabilen Teilchen und instabilen Antiteilchen (anhand der geschilderten "Kettenreaktion") muss und wird immer sehr rasch ablaufen, da sich die instabilen Teilchen (M) und Antiteilchen (A) nie wirklich weit voneinander entfernen (können).

Mit dem Urknall hat sich permanent Strahlungsenergie in Materie- und Antimaterieteilchen umgewandelt, wobei sich die beiden Teilchen unverzüglich wieder in Strahlung zurückgewandelt haben. Dieser Ablauf (der Transformation und Retransformation) muss unzählige Male stattgefunden haben. Das heißt: Der Materie (bzw. der Antimaterie) wurde - mit dem Beginn des Unknalluniversums - unzählige Male die Chance gegeben, beständige Materieteilchen (bzw. beständige Antimaterieteilchen) zu entwickeln. Dass letzten Endes eine der beiden "Materieformen" die Oberhand gewonnen hat, ist vollkommen logisch und sogar schlüssig nachvollziehbar.

Anhand eines Würfelspiels kann man diesen Prozess aus der Realität plausibel erklären. Man stelle sich vor, man hat die Gelegenheit 60-mal zu würfeln. Als (durchschnittliches) Resultat wird man vor dem Beginn des Spiels erwarten, dass man ungefähr 10-mal eine Eins, 10-mal eine Zwei, 10-mal eine Drei, 10-mal eine Vier, 10-mal eine Fünf und 10-mal eine Sechs würfelt. Tatsache wird jedoch sein, dass (nach ausgeführtem Versuch) die eine oder andere Zahl öfter als 10-mal gewürfelt wurde, während andere Zahlen (den kürzeren gezogen haben und) weniger als 10 Ergebnisse erzielt haben. Bei mehreren durchgeführten Versuchen werden die Resultate für die sechs Zahlen immer knapp um die Zehn schwanken - z. B. plus/minus 1, 2, 3 oder 4.

Wenn allerdings 600 Würfelversuche vorgenommen werden, sollten die Unterschiede zum Durchschnittswert weitaus größer ausfallen. Obwohl jede Zahl (im Durchschnitt) 100-mal gewürfelt werden müsste, werden sich bei der einen oder anderen Zahl sehr bald Abstände im Ausmaß von 10 bis 20 (vom Wert 100) ergeben. Werden sogar 850 Billiarden Würfelversuche ausgeführt, sollten sich im Lauf der Zeit Unterschiede von etlichen Billionen bei den gewürfelten Zahlen einstellen. Würde man sogar 600 Trilliarden Würfelversuche durchführen, ergeben sich irgendwann (unfassbare) Trillionenabstände bei den einzelnen gewürfelten sechs Zahlen. Usw., usf.,

... In diesem Zusammenhang wird es immer verständlicher, wie schließlich eine "Materieform" gegenüber der anderen obsiegen konnte. Zwar gibt es bei dem Beispiel mit dem Würfel sechs verschiedene Zahlen, während beim Urknall nur zwei Möglichkeiten (Materie oder Antimaterie) zur Disposition standen. Doch dieses Problem ließe sich schnell beseitigen, indem man bei dem Würfelspiel die ungeraden Zahlen 1, 3 und 5 stellvertretend für die Antimaterie und die geraden Zahlen 2, 4 und 6 für die Materie annimmt.

Sollten mit dem Urknall nach zahlreichen Transformationsversuchen (von Strahlung in Materie sowie Antimaterie und zurück in Strahlung, usw.) z. B. 28.000 Materieteilchen mehr entstanden sein als Antimaterieteilchen, dann wäre der Kampf um die Vorherrschaft noch längst nicht entschieden gewesen. Sollten sich (in den ersten Sekundenbruchteilen nach dem Urknall) nach unzähligen Transformationsversuchen (von R ---> M und A ---> R ---> M und A ---> R ---> ...) hunderte Millionen Materieteilchen mehr gebildet haben als Antimaterieteilchen, wäre es für die Antimaterie schon fast aussichtslos gewesen, als Sieger hervorzugehen. Der Grund für den sich abzeichnenden Niedergang der Antimaterie läge vor allem in der eklatanten Übermacht der Materie. Obwohl die Wahrscheinlichkeit - bei der Entstehung eines stabilen Teilchens alle x-millionenmal - sowohl für ein Materie- als auch für ein Antimaterieteilchen bei 50 Prozent liegt, hat das (scheinbar stabile) Antimaterieteilchen in einer sich etablierenden Materiewelt keine Überlebenschance, weil es unverzüglich von einem (stabilen) Materieteilchen wieder ausgelöscht wird. Während die Materiewelt den Verlust dieses Materieteilchens verkraften kann, wird auf der anderen Seite jeglicher Versuch der Antimaterie, doch noch die Oberhand zu gewinnen, auf der Stelle zunichte gemacht, wobei beim nächsten Ereignis, welches nur alle x-millionenmal stattfindet, ohnehin wieder ein stabiles Materieteilchen entstehen müsste. Überdies ist davon auszugehen, dass (bezüglich der Entstehung eines stabilen Materie- oder Antimaterieteilchens) sich jene 50 Prozent-Quote mit der Zeit - auch aus anderen Gründen - immer mehr in Richtung 60 Prozent (und darüber hinaus) zugunsten der Materie verschieben dürfte.

Im Jahr 1905 entdeckte Albert Einstein etwas Merkwürdiges - nämlich, dass Wärme Gewicht haben müsse, da ein warmes Objekt mehr Gewicht hat als im kalten Zustand.

Theoretischer Ansatz zur Erklärung dieses Phänomens:

Strahlung (wie etwa ein Photon) reist durch das Weltall und stößt auf Materie. So entsteht (z. B. durch den Sonnenwind) ein Druck (auf diese Materie), der einem "Gewicht" entspricht. Oder: Wenn unaufhörlich Materie (z. B. ein Asteroid oder ein Kometenbruchstück) auf einen Planeten stürzt, dann wächst dieser Planet im Lauf der Zeit an. Diese ständig zunehmende Materie erhöht den Druck auf die unteren Schichten des Planeten. Erhöhter Druck entspricht somit mehr Gewicht - in diesem Fall verursacht durch mehr Masse.

Außerdem führt Wärme zur Ausdehnung von Materie (bzw. eines Objekts). Da diese Materie ein größeres Volumen aufweist, muss sie auch durch mehr Strahlung und subatomare Teilchen (wie Neutrinos, die kaum Masse besitzen) durchflutet werden. Mehr Strahlung bewirkt mehr Druck, mehr subatomare Teilchen erzeugen mehr Masse für jene Materie (bzw. für jenes Objekt), wodurch diese Materie (wenn auch nur kurzfristig) an Gewicht zunimmt. Druck verursacht Gewicht (wenn auch in minimalster Weise). Materie, die sich in relativer Ruhe zur Strahlungsenergie befindet, "übernimmt" dieses Gewicht in Form von Masse. Materie befindet sich ausnahmslos in relativer Ruhe zur Strahlungsenergie (wie Lichtstrahlen, Wärmestrahlung (= Infrarotstrahlung), Radiowellen, Röntgenstrahlung, Gammastrahlung), weil sich diese Strahlung in einer Sekunde immer um 299.792,458 Kilometer von uns bzw. von der entsprechenden Materie entfernt.

Dieser Effekt der Gewichtszunahme aufgrund von Wärmeeinwirkung wird sich bei jedem Element und bei jedem Stoff ergeben - auch bei Wasser. Allerdings wird sich diese Auswirkung auch beim Übergang vom flüssigen zu gefrorenem Wasser zeigen. Weil sich Eis (= gefrorenes Wasser) im Vergleich zu flüssigem Wasser ausdehnt, bekommt es mehr Volumen, was auch relativ leicht zu erkennen ist (z. B. bei Frostschäden im Winter). Deshalb schwimmt das Eis auf flüssigem Wasser, weil sich das Gewicht des gefrorenen Wassers auf ein größeres Volumen verteilt. Grundsätzlich hätten (ohne Berücksichtigung zusätzlicher Strahlung oder subatomarer Teilchen) die gleiche Menge flüssiges und gefrorenes Wasser das gleiche Gewicht, aber Eis hat bei gleichem Volumen (zu flüssigem Wasser) ein geringeres Gewicht. Oder anders ausgedrückt: Das gefrorene Wasser (welches sich ausdehnt) hat wegen des größeren Volumens ein kleineres Gewicht pro Volumeneinheit (z. B. pro cm^3).

Andererseits müssten durch das größere Volumen des gefrorenen Wassers auch mehr subatomare Teilchen und Strahlung jenen Eisblock durchfluten, weshalb das Gewicht des Eisblocks letzten Endes zunehmen müsste. Nichtsdestotrotz ist diese Auswirkung einer Gewichtszunahme um ein gigantisches Vielfaches kleiner als der Effekt der Gewichtsabnahme je Volumeneinheit durch die Ausdehnung des Eisblocks. Das bedeutet: Die Gewichtszunahme pro Volumeneinheit fällt weitaus geringer aus als die Gewichtsabnahme pro Volumeneinheit.

All diese Erläuterungen belegen offensichtlich, dass Albert Einsteins grundsätzliche Erkenntnis ("ein warmer Gegenstand habe ein größeres Gewicht") zwar korrekt, aber die Schlussfolgerung ("Wärme habe ein Gewicht") eigentlich falsch ist. Wärmestrahlung stellt etwas Immaterielles dar und kann deshalb kein Gewicht besitzen.

C + O_2 ----> CO_2 + Wärme

Kohlenstoff + Sauerstoff ----> Kohlendioxid + Wärme(strahlung)

2 kg (Kohle + Sauerstoff) ----> 2 kg - x (CO_2) + x

Bei der Verbrennung von (z. B. 2 Kilogramm) Kohlenstoff und Sauerstoff entsteht Kohlendioxid (im Ausmaß von weniger als 2 Kilogramm). Bei diesem Verbrennungsvorgang tritt also ein Gewichtsverlust auf, weil Materie in Strahlungsenergie umgewandelt wurde. Dieser Gewichtsverlust der Materie entspricht zur Gänze der freigesetzten Energie (in Form von Wärme). Synonym könnte man sagen, der Gewichtsverlust x entspricht der entstandenen Wärmeenergie, was durchaus richtig ist. Daraus zu folgern, dass Wärme ein Gewicht hat, ist jedoch falsch. Vielmehr verursacht die abgestrahlte Wärmeenergie einen Druck, der erst messbar wird, wenn er auf Widerstand (z. B. auf Materie oder beim Sonnenwind auf die Erdatmosphäre) trifft. Dieser Druck entspricht somit dem verloren gegangenen Gewicht bei der Verbrennung bzw. bei der Kernfusion in der Sonne.

Außerdem wird bei einer Erwärmung (bzw. Erhitzung) - vor allem bei der Verbrennung von Stoffen - ständig Materie in Strahlungsenergie umgewandelt, wodurch sich gezwungenermaßen als endgültiges Resultat immer eine Gewichtsabnahme ergeben muss - auch wenn ein warmer Gegenstand prinzipiell mehr Gewicht aufweist als ein kalter.

Wenn Strahlungsenergie ungehindert durch den leeren Raum des Universums streift, wird diese Strahlung stets ihre Natur beibehalten. Sollte sie aber auf ein mögliches Hindernis (wie z. B. andere Strahlung) stoßen, können Prozesse in Kraft gesetzt werden, die unberechenbar (= nicht vorhersehbar) sind. So können auch Materie und Antimaterie entstehen, die lediglich eine Form von Energie darstellen.

Es wird immer klarer, dass "Strahlung(senergie)" in der so genannten Materie eingeschlossen ist und dabei Druck erzeugt, wodurch Gewicht und somit Masse (in Form von Materie) entsteht, was man messen kann. Dadurch, dass die "Strahlung(senergie)" nicht mehr ungehindert durch den Weltraum reist, sondern in Materie regelrecht gefangen gehalten wird, ergeben sich (als Folgeerscheinung) die schwache und die starke Kernkraft sowie die Schwerkraft, die nichts anderes als Druck darstellen. Materie, die zur Gänze aus "leerem Raum" (= leerer Raum plus etwas "Strahlung") besteht, ist (offenbar) sogar nur eine Form von Strahlungsenergie, deren so genannte Masse eigentlich nur eine "Illusion" ist, weil sie im Grunde genommen genauso immateriell zu sein hat - wie die klassische Strahlungsenergie. Und die (angeblich verschwundene) Antimaterie spielt bei diesem Prozess offenkundig eine entscheidende Rolle. Denn Strahlung stellt zur Hälfte nichts anderes als Antimaterie dar, wobei sich als zweite Hälfte die Materie ergibt, welche - zumindest in unserem Materieuniversum - die Oberhand gewonnen hat.

Leerer Raum: Vakuum

"Leerer Raum": leerer Raum und "Strahlung(senergie)"

Energie: Strahlung(senergie), Materie, Antimaterie

Strahlung(senergie): sichtbares Licht, UV-Strahlung, Höhenstrahlung, ...

"Strahlung(senergie)": Energie (die offenbar nur Strahlung darstellt)

Materie: instabile Materie (M), stabile Materie (MA)

Antimaterie: instabile Antimaterie (A), stabile Antimaterie (AM)

Die Anzahl der Dimensionen

Theoretisch gibt es unendlich viele Dimensionen, die alle mathematisch beschrieben werden können, aber nur eine einzige existiert real - die 3-Dimensionalität (mit Länge, Breite und Höhe bzw. Tiefe). Für das Vorhandensein von Materie (bzw. Antimaterie) ist die 3-Dimensionalität eine Voraussetzung, weil Materie in der 2-Dimensionalität nicht existieren könnte. Ein Weltraum, der bloß aus zwei Dimensionen besteht, würde Objekte mit Rauminhalt (und somit Masse) nicht zulassen. Das Weltall bestünde in diesem Fall nur aus einer unendlich großen Fläche (mit Länge und Breite) ohne Höhen- bzw. Tiefenausdehnung. Dass in solch einem System kein Leben möglich ist, erklärt sich von selbst. Allerdings stellt sich die Frage, wieso die 3-Dimensionalität die einzige real existierende Dimension sein soll, wenn z. B. auch die 2-Dimensionalität logisch erklärbar ist. Die Antwort lautet: Die 2-Dimensionalität ist in Wahrheit in die 3-Dimensionalität eingebettet - genauso wie die 1-Dimensionalität und die 0-Dimensionalität.

Die 0-Dimensionalität stellt lediglich einen Punkt dar, der eigentlich ein "Nichts" ist. Zur Veranschaulichung wird oftmals ein Punkt auf einem Blatt Papier als winziger Farbklecks gezeichnet, was in Wirklichkeit falsch ist. Denn jeder Farbklecks auf einem Papier hat eine seitliche Ausdehnung (z. B. 0,1 mm mal 0,08 mm). Außerdem hat dieser Farbklecks eine Ausdehnung nach oben (z. B. eine Höhe von 0,02 mm). Dennoch sollte dieser Farbklecks allgemein nur zum besseren Verständnis und zur Veranschaulichung dienen, weil die 0-Dimension immer ein "Nichts" ist.

Die 1-Dimensionalität besteht aus einer Geraden mit einem Anfangs- und einem Endpunkt - also aus einer Strecke mit zwei Punkten. Die 2-Dimensionalität ist stets eine Fläche (z. B. ein Kreis oder ein Rechteck). Das einfachste und anschaulichste Flächenbeispiel ist ein Quadrat, welches vier Seitenlängen und vier Ecken (= Punkte) enthält. Beim Übergang von der 0-Dimensionalität (ein Punkt) zur 1-Dimensionalität (zwei Punkte und eine Strecke bzw. Länge) bis zur 2-Dimensionalität (vier Punkte und vier Strecken z. B. eines Quadrats) kommt es nicht nur zur Vermehrung der einzelnen Komponenten, sondern mit jeder höheren Dimension kommt eine weitere neue Komponente hinzu (Punkt --> Strecke --> Fläche). Aus diesem Grund ergibt sich in der dritten Dimension mit dem Rauminhalt (= Volumen) ein zusätzlicher Bestandteil, wobei aus dem (flächenmäßigen) Quadrat ein (voluminöser) Würfel mit sechs Flächen (= Quadraten), zwölf Strecken und acht Punkten (= Ecken) gebildet wird.

Bei einem weiteren Übergang - von der dritten zur vierten Dimension - entstünde ein Objekt mit 16 Punkten (bzw. Ecken), 32 Strecken, 24 Flächen und 8 drei-dimensionalen Volumina, wie aus dem anschließenden Schaubild zu entnehmen ist. Zudem sind in dieser Tabelle sämtliche Komponenten der jeweiligen Dimensionen (beispielgebend bis zur elften Dimension) angeführt, um eine ungefähre Vorstellung zu erhalten, mit welchen Konstrukten man es zu tun hat.

Dimension	0	1	2	3	4	5	6	7	8	9	10	11 ...
Ecken (= Punkte)	1	2	4	8	16	32	64	128	256	512	1024	2048
Strecken	0	1	4	12	32	80	192	448	1024	2304	5120	11264
Flächen	0	0	1	6	24	72	192	480	1152	2688	6144	13824
3-D-Rauminhalte	0	0	0	1	8	40	128	352	896	2176	5120	11776
4-D-Rauminhalte	0	0	0	0	1	10	60	200	560	1440	3520	8320
5-D-Rauminhalte	0	0	0	0	0	1	12	84	288	816	2112	5184
6-D-Rauminhalte	0	0	0	0	0	0	1	14	112	392	1120	2912
7-D-Rauminhalte	0	0	0	0	0	0	0	1	16	144	512	1472
8-D-Rauminhalte	0	0	0	0	0	0	0	0	1	18	180	648
9-D-Rauminhalte	0	0	0	0	0	0	0	0	0	1	20	220
10-D-Rauminhalte	0	0	0	0	0	0	0	0	0	0	1	22
11-D-Rauminhalte	0	0	0	0	0	0	0	0	0	0	0	1
12-D-Rauminhalte	0	0	0	0	0	0	0	0	0	0	0	0
...												

Diese Tabelle geht ursprünglich von einem Punkt (siehe 0-Dimension), einer Strecke (siehe erste Dimension) und einer quadratischen Fläche (siehe zweite Dimension) aus.

In dieser Hinsicht muss jedoch nochmals eindringlich darauf verwiesen werden, dass (für uns) die einzige real existierende Dimension die 3-Dimensionalität darstellt. Bevor man - bezüglich der vierten Dimension - die ersten geistigen Überlegungen in Angriff nimmt und neben der Länge, der Breite und der Höhe eine vierte Gerade (womöglich eine Windschiefe oder Schräge) einführt, sei mitgeteilt, dass derartige Versuche im völligen Chaos enden werden. Zwar gestattet die Mathematik höherdimensionale Berechnungen, doch dies besagt nicht, dass entsprechende Ergebnisse auch

Bestandteil unserer real existierenden Materiewelt sein müssen. Überdies haben die meisten Menschen beim Übergang von der dritten zur vierten Dimension eine völlig falsche Vorstellung von dieser Materie.

Grundsätzlich sind die Abläufe im Universum gar nicht so kompliziert, wie sie im ersten Moment erscheinen. Im Weltall sind in der Tat sämtliche Vorgänge sehr einfach, ziemlich banal und so simpel wie möglich. Auch in diesem Zusammenhang ist die Lösung der angeblich äußert komplizierten und komplexen Materie weitaus einfacher als vermutet. Denn der Übergang zur 4-Dimensionalität hat eigentlich nichts damit zu tun, dass ein drei-dimensionaler Würfel in ein absolut unvorstellbares vier-dimensionales Objekt übergeht. Die Wahrheit sieht seltsamerweise völlig anders aus.

Wie bereits erwähnt, existiert die 4-Dimensionalität (für uns) nicht wirklich. Sie ist lediglich imaginär. Da die 4-Dimensionalität jedoch mathematisch zulässig ist, muss sie auf irgendeine Art beweisbar sein - wenn auch nur auf imaginäre Weise. Am besten wäre es, man stellt sich selbst in einem Zimmer vor, bei dem der Fußboden kein Teppich oder Parkettboden ist, sondern ein großer Spiegel - ein Boden, der nur aus Spiegelglas besteht. Mit einem Blick nach unten kann man sich selbst im Spiegel betrachten, und jede Bewegung (von einem selbst) vollführt das Spiegelbild (beinahe) zeitgleich - unter Berücksichtigung einer zeitlichen Diskrepanz aufgrund der Lichtgeschwindigkeit. Die Fläche unter den Füßen stellt die Spiegelungsebene dar, und das Spiegelbild befindet sich somit in der imaginären vierten Dimension. Aber dieses Spiegelbild ist noch nicht die ganze Wahrheit. In einer tatsächlich existierenden vierten Dimension müssten überdies von der gesamten Oberfläche der real existierenden Person (aus der 3-Dimensionalität) Verbindungslinien zum gespiegelten Abbild (der vierten Dimension) vorhanden sein. Da dieses Beispiel mit dem Spiegel imaginärer Natur ist, sind natürlich keine Verbindungslinien zu sehen - und sie wären bei der gesamten Oberfläche eines Menschen auch schwer vorstellbar. Bei einem Würfel wären jene (imaginären) Verbindungslinien zur vierten Dimension weitaus leichter nachvollziehbar - vor allem, wenn der Würfel eine schräge Position (auf einer Ecke) in einem Meter Entfernung zum Fußboden einnimmt.

Bei diesem Würfel-Experiment würde man schnell erkennen, dass neben all den Komponenten der beiden Würfel (der dritten und der imaginären vierten Dimension) die acht imaginären Verbindungslinien von den jeweils acht Ecken des drei-dimensionalen Würfels zu den entsprechenden gespiegelten acht Ecken der vierten Dimension zu insgesamt 16 Ecken, 32 Strecken, 24 Flächen und 8 drei-dimensionalen Rauminhalten führen.

Die beiden Würfel (der dritten und der imaginären vierten Dimension) besitzen **16 Ecken** (= Punkte), 24 Strecken (= Seitenlängen), 12 Flächen (= Quadrate) und 2 drei-dimensionale Rauminhalte (= Würfel). Mit den zusätzlichen 8 Verbindungslinien (unterschiedlicher Länge) von den jeweiligen 8 Ecken (der beiden Würfel) erhält man insgesamt **32 Strecken**. Außerdem führen die 8 Verbindungslinien zu weiteren 12 Flächen - also insgesamt **24 Flächen**. Und anhand der 8 Verbindungslinien entstehen durch die 6 Flächen (der beiden Würfel) zusätzliche 6 Volumina, wodurch sich insgesamt **8 drei-dimensionale Rauminhalte** ergeben, wobei das Gesamtergebnis **ein vier-dimensionales Objekt** ist, was auch den Eintragungen der Tabelle entspricht.

Laut der vorigen Tabelle würde beim Übergang zur fünften Dimension daraus ein Objekt mit 32 Ecken, 80 Strecken, 72 Flächen, 40 drei-dimensionalen und 10 vier-dimensionalen Rauminhalten hervorgehen. Um sich dieses Resultat (auf imaginärer Basis) vorzustellen, bedarf es - neben dem Fußboden als Spiegel - z. B. einer Wand (im rechten Winkel) als weiteren Spiegel, der den Würfel weitere zweimal auf insgesamt vier Würfel (= ein Original und drei Spiegelungen) projiziert.

Man könnte statt des Fußbodens und einer Wand auch zwei Wände des Zimmers als Spiegel verwenden. Der Würfel sollte dabei - in schräger Position (auf einer Ecke stehend) - in einem Meter Entfernung sowohl zur einen, als auch zur anderen Spiegelwand platziert sein. Die drei Spiegelbilder stellen daraufhin die imaginäre vierte und fünfte Dimension dar, wobei abermals zwischen allen gespiegelten Ecken die entsprechenden Verbindungslinien (gedanklich) zu ziehen sind, um letztendlich zu einem fünf-dimensionalen Objekt mit sämtlichen Ecken, Strecken, Flächen, drei- und vier-dimensionalen Rauminhalten zu gelangen. Jeder dieser vier Würfel stünde - bei tatsächlichem Vorhandensein der vierten und fünften Dimension - mit jedem anderen Würfel in Verbindung, was insbesondere bei der Feststellung der drei- und vier-dimensionalen Rauminhalte zum Vorschein käme.

Außerdem ist festzuhalten, dass man von der 3-Dimensionalität nicht einfach zur 5-Dimensionalität übergehen kann. Wenn eine fünfte Dimension gegeben ist, muss auch eine vierte Dimension vorhanden sein. Oder allgemein ausgedrückt: Wenn eine n-te Dimension existiert, müssen auch alle untergeordneten Dimensionen (von 0 bis n - 1) existieren, wobei die untergeordneten Dimensionen in die höchste eingebettet sein müssen. Demnach wäre ein drei-dimensionaler Rauminhalt (z. B. ein Würfel, eine Kugel, ein Ellipsoid) lediglich ein Bestandteil eines vier-dimensionalen Rauminhalts - also in die 4-Dimensionalität eingebettet.

In der 3-Dimensionalität wird das Äußere eines Körpers (z. B. bei einer Kugel, bei einem Würfel oder bei einem Menschen) immer durch zwei-dimensionale Flächen (= die Oberfläche) begrenzt. Bei einem Menschen stellt in erster Linie die Oberfläche der Haut die Grenze zur Umwelt dar, während bei einem Würfel die sechs Quadrate die Oberfläche und somit die Begrenzung zur Umwelt ergeben. Bei einem vier-dimensionalen Objekt besteht die äußere Begrenzung hingegen ausnahmslos aus drei-dimensionalen Rauminhalten, was auch bei dem gespiegelten Würfelbeispiel der Fall ist. Würde die 4-Dimensionalität tatsächlich existieren, müsste jedes vier-dimensionale Objekt (bzw. Subjekt) quasi als binäres (= aus zwei Einheiten bestehendes) System mit "Verbindungslinien" auftreten, dessen Rand (= "Oberfläche") permanent von drei-dimensionalen Rauminhalten begrenzt ist. Die 4-Dimensionalität würde dann die real existierende Wirklichkeit darstellen, während die 3-Dimensionalität (und die anderen untergeordneten Dimensionen) - als logisch erklärbar - in die vierte Dimension eingebettet wären. Die 3-Dimensionalität würde in der vierten Dimension nur noch als imaginäre, aber durchaus beweisbare Dimension existieren. Ein Subjekt der vierten Dimension würde seine Existenz als völlig normal empfinden. Auch die drei-dimensionale Begrenzung (= räumliche "Oberfläche") zu seiner Umwelt würde dieses Lebewesen als absolut normal ansehen. Dieser Zustand wäre für das vier-dimensionale Lebewesen genauso selbstverständlich wie etwa unsere Berechnungen mittels Dezimalsystem (mit den Ziffern 0 bis 9). Rechnungen mit lediglich 8 oder gar mit 21 unterschiedlichen Ziffern vorzunehmen, wäre für uns ziemlich ungewohnt, obwohl dies prinzipiell möglich ist. Der Grund, warum sich die Menschheit für das vertraute Dezimalsystem entschieden hat, liegt wohl an den zehn Fingern.

Bezüglich einer potenziellen Existenz der 4-Dimensionalität (oder einer noch höheren Dimension) bleiben jedoch berechtigte Zweifel, weil die Natur (zu der das gesamte Universum gehört) eigentlich immer das Optimum auswählt.

Als Beispiele seien angeführt:

Die Kugelform ist das Optimum für Sonnen, Planeten und Monde. Man wird im gesamten Universum keinen einzigen Planeten mit Würfelform vorfinden.

Das Rad mit seiner kreisrunden, statt einer acht-, zwölf- oder zwanzigeckigen Fläche stellt die beste Lösung für Fahrzeuge dar.

Das perfekte Element für die Knochen ist Kohlenstoff, anstatt Eisen, Blei, Gold, ...! Silizium stellt nur das zeitbeste Element (aus der Kombination von minimalem Gewicht und maximaler Stabilität) dar.

Baumstämme wachsen grundsätzlich senkrecht in den Himmel. Kein Stamm wird ein schräges Wachstum bevorzugen, um bei erstbester Gelegenheit umzukippen.

Abschließend sei (neben zahlreichen anderen möglichen Beispielen) die 3-Dimensionalität erwähnt. Da die Prozesse im Universum so banal wie möglich ablaufen, ergibt sich die Frage: Warum sollte die Natur etwas so Kompliziertes wie die 4- oder die 5-Dimensionalität zulassen, wenn das offensichtliche Optimum - die 3-Dimensionalität - nachgewiesenermaßen existiert? Für eine zweitbeste Lösung ist in der Regel kein Platz - und schon gar nicht für ein drittbestes, viertbestes, fünftbestes, ... Resultat.

Zwar existieren auch Lebewesen, die ein "Skelett" aus Silizium besitzen, und es mag Bäume geben, die - womöglich krankheitsbedingt - schräg aus der Erde wachsen, aber diese Fälle stellen lediglich die Ausnahme von der Norm dar. Allerdings sind die angeführten Beispiele (für das ideale Knochenelement bzw. für das ideale Baumwachstum) sehr untergeordnete

Einheiten, die schon wegen ihrer Untergeordnetheit stark diversifiziert sein können. Bei übergeordneten, grundlegenden Einheiten (wie bei der Kugelform für Gestirne oder beim Rad als Fortbewegungsmittel) wird die Wahrscheinlichkeit von mehr als einer Ideallösung immer unwahrscheinlicher.

Wenn man bedenkt, dass das (gesamte) Universum die größtmögliche übergeordnete und grundlegendste Einheit darstellt, dann ist in diesem Fall mehr als eine Ideallösung nur schwer vorstellbar. Dennoch könnte sich eines Tages herausstellen, dass unser drei-dimensionales Materieuniversum nicht nur eines von vielen drei-dimensionalen Universen ist, sondern dass all diese sogar Bestandteil einer vierten Dimension sind, und diese wiederum in eine fünfte Dimension eingebettet ist, und so weiter ...! In dieser Hinsicht würde der drei-dimensionale Raum eine Grenze besitzen und einen Übergang zur vierten Dimension aufweisen, was jedoch sehr abwegig klingt.

Nachtrag zu den nicht definierten Operationen

Hat eine Folge (a) den Grenzwert null und eine Folge (b) den Grenzwert unendlich, dann kann die Folge (a mal b) jede reelle Zahl als Grenzwert haben, nach plus/minus unendlich tendieren bzw. keinen Grenzwert besitzen.

Zum Beispiel (mit n --> unendlich):

$$(a) = \frac{1}{n} \quad \text{und} \quad (b) = n \quad \text{dann ergibt sich} \quad \lim_{n \to \text{unendl.}} (a \cdot b) = \lim_{n \to \text{unendl.}} 1 = \mathbf{1}$$

während $(a) = 1/n = 0$ und $(b) = \text{unendlich}$ --> $(a) \cdot (b) =$ ***0 · unendlich***

Oder (mit n --> unendlich):

$$(a) = \frac{1}{n} \quad \text{und} \quad (b) = n^2 \quad \text{dann ergibt sich} \quad \lim_{n \to \text{unendl.}} (a \cdot b) = \lim_{n \to \text{unendl.}} n = \textit{unendlich}$$

während $(a) = 1/n = 0$ und $(b) = \text{unendlich}$ --> $(a) \cdot (b) =$ ***0 · unendlich***

Oder (mit n --> unendlich):

$$(a) = \frac{1}{n^2} \quad \text{und} \quad (b) = n \quad \text{dann ergibt sich} \quad \lim_{n \to \text{unendl.}} (a \cdot b) = \lim_{n \to \text{unendl.}} 1/n = \mathbf{0}$$

während $(a) = 1/n^2 = 0$ und $(b) = \text{unendlich}$ --> $(a) \cdot (b) =$ ***0 · unendlich***

Aufgrund dieser widersprüchlichen Ergebnisse wurde die Multiplikation von ***null mal unendlich*** als nicht definiert festgelegt.

Würde man z. B. für n den Wert 4 verwenden, ergibt sich folgendes Szenario:

Beispiel (mit n --> 4):

$$(a) = \frac{1}{n} \quad \text{und} \quad (b) = n \quad \text{dann ergibt sich} \quad \lim_{n \to 4} (a \cdot b) = \lim_{n \to 4} 1 = \mathbf{1}$$

während (a) = 1/n = 1/4 und (b) = 4 --> (a) · (b) = ***1***

Oder (mit n --> 4):

$$(a) = \frac{1}{n} \quad \text{und} \quad (b) = n^2 \quad \text{dann ergibt sich} \quad \lim_{n \to 4} (a \cdot b) = \lim_{n \to 4} n = \mathbf{4}$$

während (a) = 1/n = 1/4 und (b) = 16 --> (a) · (b) = ***4***

Oder (mit n --> 4):

$$(a) = \frac{1}{n^2} \quad \text{und} \quad (b) = n \quad \text{dann ergibt sich} \quad \lim_{n \to 4} (a \cdot b) = \lim_{n \to 4} 1/n = \mathbf{0{,}25}$$

während (a) = $1/n^2$ = 1/16 und (b) = 4 --> (a) · (b) = ***0,25***

Aufgrund der übereinstimmenden Ergebnisse ist an den Multiplikationen mit der Zahl 4 nichts auszusetzen.

Allgemein ist festzuhalten, dass sich die Beispiele für Multiplikationen wie ***4 · 0, 0 · 0*** oder ***0 · unendlich*** am Rand unserer real existierenden Materiewelt bzw. bereits in einer immateriellen Welt befinden. Berechnet man die Fläche eines Rechtecks mit der Länge von 4 Meter und der Breite von 2 Meter, dann handelt es sich um ein Beispiel aus der Materiewelt. Wäre die Breite des Rechtecks 0 Meter, kann man keine Fläche mehr berechnen, und man befände sich bereits am Rand dieser so genannten Materiewelt. Wäre auch die Länge 0 Meter, ist man schon mitten in jener immateriellen Welt, wobei insbesondere Berechnungen mit Extremgrößen (vor allem mit null und unendlich) den Übergang zur immateriellen Welt anzeigen.

Eines dieser Beispiele wäre jenes mit dem Planeten, der immer langsamer wird, bis er schließlich 0,0 m/s erreicht hat und zudem keiner weiteren Geschwindigkeit mehr unterliegt, wodurch er den absoluten Ruhezustand erreicht hat und letzten Endes dematerialisiert. Möglich wird dieses Szenario durch die Geschwindigkeit v, die den Wert null erreicht, weshalb die Zeit t daraufhin nach unendlich tendiert, wobei der Weg s aufgrund der Geschwindigkeit von 0,0 m/s gleichfalls den Wert 0,0 m annimmt.

s = v · t = ***0 · unendlich*** = 0 Meter

Dieses Beispiel spiegelt einen Vorgang am Rand der Materiewelt (Geschwindigkeit = 0,0 m/s) und beim Übergang in eine immaterielle Welt (Zeit --> unendlich), während sich das Ergebnis endgültig in der immateriellen Welt befindet. Die Multiplikation ***0 · unendlich*** ist (offenbar) nicht definiert - zumindest nicht in der real existierenden Materiewelt. In der immateriellen Welt der Strahlungsenergie erhält man (offensichtlich) ein Resultat mit dem Wert von 0,0 Meter.

Seltsam ist, dass die Mathematik anhand des vorherigen Experiments mit den Folgen (a) und (b) für die Multiplikation von ***0 · unendlich*** kein eindeutiges Ergebnis gebracht hat, wodurch die allgemein akzeptierte und somit (scheinbar) logische Undefinierbarkeit von ***0 · unendlich*** aufgezeigt wurde. Allerdings könnte man einwenden, dass diese Undefinierbarkeit von ***0 · unendlich*** bloß in der Materiewelt einen Sinn ergibt. Für die immaterielle Welt könnte es jedoch sein, dass Berechnungen mit den Extremgrößen (wie null oder unendlich) durchaus ihren Sinn haben, wobei sogar unterschiedliche Resultate - wie im vorherigen Experiment gesehen - im Bereich von null bis unendlich möglich wären.

In diesem Zusammenhang könnte man sich - als Beispiel für die immaterielle Welt - die Geschwindigkeit des Lichts vor Augen führen. In der Materiewelt - in der Position eines (außenstehenden) Beobachters - hat das Licht eine endliche Geschwindigkeit von 299.792,458 Kilometer pro Sekunde - egal, welcher Geschwindigkeit der Beobachter selbst ausgesetzt ist. In der immateriellen Welt - aus der Position des Lichts gesehen - unterliegt das Licht keinem zeitlichen Ablauf (t = 0). Und weil für das Licht keine Zeit vergeht, ist der Lichtstrahl aus seiner Sicht ohne Zeitverlust linear in eine Richtung im Weltall – quasi mit "unendlich hoher" Geschwindigkeit – unterwegs und erreicht jeden x-beliebigen Punkt auf der Geraden, ohne dass nur ein Bruchteil von einer Sekunde vergangen wäre. Läge der zu erreichende Punkt in der Unendlichkeit, würde der Lichtstrahl diesen unendlich weit entfernten Punkt ohne Zeitaufwand (= ohne "gealtert" zu sein) unverzüglich erreichen. Der Lichtstrahl hat somit - aus ***seiner*** Position gesehen - mit unendlich hoher Geschwindigkeit einen unendlich langen Weg mit einem zeitlichen Aufwand von null Sekunden zurückgelegt.

s = v · t = ***unendlich* · *0* = *unendlich*** (viele Kilometer oder Lichtjahre)

Dieses Beispiel zeigt einen Vorgang, der sich gänzlich in der immateriellen Welt zugetragen hat. Ohne zeitlichen Verlust reist das Photon (= Lichtquant) zu jedem x-beliebigen Punkt B auf seiner Strecke durch das All - und sei dieser Punkt noch so weit von seinem Ausgangspunkt A entfernt. Und wenn dieser Punkt B in der Unendlichkeit liegt, dann kann die Geschwindigkeit ebenfalls nur den Wert unendlich aufweisen. Ansonsten könnte das Resultat (Weg s = unendlich) gar nicht erzielt werden.

Dieses Beispiel einer Multiplikation von ***0* · *unendlich*** hat nun zu einem völlig anderen Resultat geführt als das vorige Beispiel mit dem beständig langsamer werdenden Planeten. Dennoch ist zu berücksichtigen, dass dieses Beispiel nur theoretischer Natur ist. Es ist zwar richtig, dass der Lichtstrahl jeden x-beliebigen Punkt auf seiner Geraden ohne Zeitaufwand erreicht - auch den am weitesten entfernten. Doch einen unendlich weit entfernten Punkt wird der Lichtstrahl nie erreichen, weil dieser Punkt dann gar nicht unendlich weit entfernt wäre - auch wenn dieser theoretisch unendlich weit entfernte Punkt vom Lichtstrahl in der Tat ohne Zeitverlust zu erreichen wäre.

Trotzdem ist nochmals ausdrücklich festzuhalten, dass bei diesem Beispiel der Multiplikation von ***0* · *unendlich*** als Resultat jeder Wert größer als null in Frage kommt. Sollte der Lichtstrahl seine Reise bereits nach 100.000 Kilometer oder nach 100 Trillionen Kilometer beendet haben, weil er auf ein Hindernis (z. B. auf einen Felsen oder einen Planeten) gestoßen ist, dann ist - aus der Position des Lichts gesehen - die Geschwindigkeit des Lichtstrahls für diese Strecke dennoch unendlich groß gewesen, während der zeitliche Aufwand null Sekunden betragen hat.

Weg = Geschwindigkeit · Zeit

100.000 km = unendlich km/s · 0 s

100 Trill. km = unendlich km/s · 0 s

Die beiden Beispiele aus der immateriellen Welt (mit dem zum absoluten Stillstand gekommenen Planeten (**Einschub**: siehe unten) und mit dem Lichtstrahl aus der Sichtweise des Lichts) ergeben anhand der Multiplikation von ***0* · *unendlich*** völlig widersprüchliche Resultate. Resultate, die durch die Beispiele mit den Folgen (a) und (b) zur Festlegung der Undefinierbarkeit der Multiplikation von ***0* · *unendlich*** geführt haben. Allerdings könnte man anführen, dass jene unterschiedlichen Resultate von ***0* · *unendlich*** in der Mathematik vielleicht doch einen Sinn haben und die (angebliche) Undefinierbarkeit von ***0* · *unendlich*** möglicherweise etwas zu voreilig war. Warum sollte die Mathematik (bei der Verwendung von Extremgrößen) solche Ergebnisse liefern, wenn sie bloß Unsinn darstellen?

War nicht Dirac in einer ähnlichen Situation, als er mit der scheinbar unsinnigen Meinung von einer Art Anti-Materie aufhorchen ließ? Der Unterschied zu Dirac liegt aber darin, dass es sich bei Dirac um eine zulässige mathematische Lösung handelte. 3 mal 3 ergibt 9, während -3 mal -3 ebenfalls 9 ergibt.

Hier handelt es sich jedoch (angeblich) um etwas nicht Definiertes - um etwas Undefinierbares, was eigentlich bei zahlreichen Experten jede Menge Stirnrunzeln hervorrufen sollte. Dann sollen mal sämtliche Experten das Erscheinungsbild eines Schwarzen Lochs präzise, anschaulich und korrekt erklären. Wie kommt man beispielsweise dazu, die Multiplikation von ***0*** ·

unendlich - immer und überall im Universum - als nicht definiert zu bezeichnen? Handelt dieses Buch ständig von undefinierbarem Zeug, das dem verwirrten Gehirn eines Schreiberlings entsprungen ist?

Wenn die Mathematik solche Ergebnisse zulässt, kann sie sich nicht einfach "irren". Die Mathematik ist präzise, korrekt ... und perfekt. Sie besitzt keine Makel, um gewisse Berechnungen als "nicht definiert" bezeichnen zu müssen. Man braucht bloß nach Beispielen zu suchen, um diese (angebliche) Nicht-Definierbarkeit von Rechenoperationen zu widerlegen - auch wenn man sich in die immaterielle Welt des Lichts begeben muss.

Falls die absolute Bewegungslosigkeit in einem Materieuniversum erreicht wird (d. h. jegliche Geschwindigkeit $v = 0$), dann tendiert die Zeit t in Richtung unendlich. Und da nun einmal $s = v \cdot t = \mathbf{0} \cdot$ ***unendlich*** ist, kann man sich nicht einfach über diese Tatsache hinwegsetzen und behaupten: "Das ist nicht definiert."

- -

Einschub:

Wie bereits angeführt, ist das Beispiel eines beständig langsamer werdenden Planeten, der den absoluten Ruhezustand erreicht, eher unwahrscheinlich. Dennoch gäbe es eine andere Möglichkeit, indem Materie durchaus jenen absoluten Ruhezustand erzielen kann. Bei der Explosion einer Sonne (insbesondere einer Supernova) könnte für jene Teilchen, die genau entgegengesetzt zu den übrigen (= kumulierten) Geschwindigkeiten (der Galaxiezentrum-Umkreisung und weg vom Urknallzentrum) eine gleich hohe Gegengeschwindigkeit annehmen, genau das geschehen, was zu einem absoluten Ruhezustand führt. Die perfekte Aufhebung sämtlicher Geschwindigkeiten - wenn auch nur für einen einzigen Augenblick - lässt den Zeitablauf jener Explosionsteilchen nach unendlich tendieren, wodurch die Materie unendlich schnell altert und gleichzeitig in Strahlungsenergie übergeht.

Beschleunigtes Auseinanderdriften der Galaxien

Bezüglich der (angeblichen) Beschleunigung der Ausbreitung unseres Materieuniversums könnte eine ganz andere Ursache für diese merkwürdige Erkenntnis verantwortlich sein.

Aufgrund des unwiderruflichen Urknalls im Zentrum unseres Materieuniversums bewegen sich noch heute die Galaxien in alle Himmelsrichtungen von jenem Ausgangspunkt weg. Dass sich diese Ausbreitungsgeschwindigkeit - wie festgestellt wurde - jedoch in letzter Zeit beschleunigt haben soll, ist eine sehr ungewöhnliche Wahrnehmung. Eine mögliche Erklärung für dieses eigenartige Phänomen könnte abermals im Zusammenhang mit der ***Relativität des Zeitablaufs*** stehen, die uns lediglich eine Beschleunigung des Auseinanderdriftens weit entfernter Galaxien vorgaukelt.

Da sich unsere Milchstraße nachgewiesenermaßen um ihr eigenes Zentrum dreht, könnte zunehmend ein Effekt auftreten, der unser Sonnensystem (und zahlreiche benachbarte Sonnensysteme) vermehrt einer höheren Geschwindigkeit aussetzt. Und je höher die Geschwindigkeit ist, der man unterliegt, umso langsamer vergeht die Zeit. Kein einziges betroffenes Lebewesen kann aber daraus einen Nutzen ziehen (oder erfährt womöglich einen Nachteil), weil die Zeit für uns nach wie vor real Sekunde um Sekunde vergeht. Nur ein außenstehender Beobachter könnte erkennen, dass sich der zeitliche Ablauf auf der Erde offensichtlich um eine Spur verlangsamt hat. Umgekehrt würden wir auf unserem Planeten feststellen, dass weit entfernte Galaxien ihr Auseinanderdriften auf scheinbar unerklärliche Weise beschleunigt haben.

Doch nun zum möglichen Grund für dieses Phänomen. Wie aus der unten angeführten Zeichnung zu entnehmen ist, vollführt unsere Milchstraße eine Rotationsbewegung mit der Geschwindigkeit v1, während v2 die Entfernungsgeschwindigkeit vom Urknallzentrum darstellt. Unser Sonnensystem mit der Erde befand sich vor rund 70 Millionen Jahren, als das Ende des Zeitalters der Dinosaurier eingeleitet wurde, im Bereich C. Gegenwärtig befinden wir uns in der Region A und sind auf dem Weg zur Zone

B. Der entscheidende Unterschied zwischen Bereich C und A liegt in der Richtung, in die die Geschwindigkeit v1 wirkt. Während in der Region nach C die Rotationsgeschwindigkeit v1 senkrecht zur Geschwindigkeit v2 stand, ist die Geschwindigkeit v1 heute immer mehr im Begriff, ergänzend zur Geschwindigkeit v2 aufzutreten. Die Geschwindigkeiten v1 und v2 ergeben eine höhere Gesamtgeschwindigkeit, die für unseren Planeten im Bereich C nicht vorhanden war. Und je höher die Geschwindigkeit für die Region um A wird, umso langsamer wird der zeitliche Ablauf in dieser Region. Die uns umgebenden weit entfernten Galaxien, die jenem Effekt nicht ausgesetzt sind, scheinen immer mehr zu beschleunigen, was in Wahrheit ein Trugschluss ist. Tatsächlich hat sich für uns der zeitliche Ablauf verlangsamt, wodurch uns andere Abläufe im Weltall beschleunigt erscheinen.

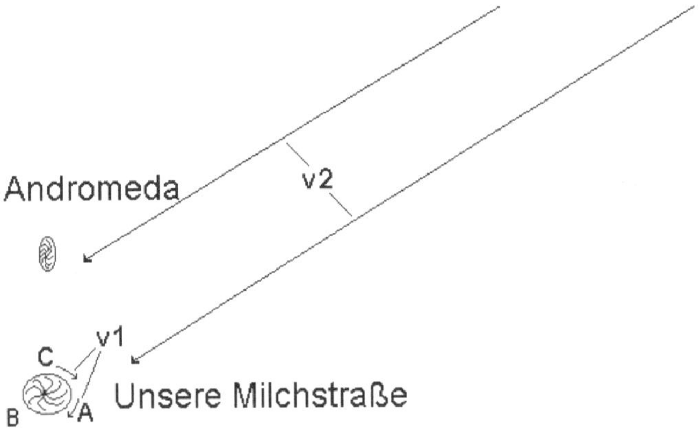

Schlusswort

Energie kann weder geschaffen, noch zerstört werden, sondern nur von einer Form in eine andere umgewandelt werden. Somit kann keinesfalls aus dem "Nichts" (mittels Urknall) "Etwas" (= unser Materieuniversum) entstanden sein.

Das Universum soll zum einen unendlich groß sein, zum anderen soll mit dem Urknall das Universum erst entstanden sein, was wie ein Widerspruch klingt.

Allerdings sollte mit der Aussage "Der Weltraum kann sich auch mit Überlichtgeschwindigkeit ausgebreitet haben" Abhilfe geschaffen werden, was jedoch nur weitere Komplikationen hervorruft.

Einerseits würde sich das Universum weder mit billionen-, billiarden-, trillionen-, trilliarden-, ... noch mit oktillionen- oder oktilliardenfacher, ... Überlichtgeschwindigkeit bis zum heutigen Tag ins Unendliche ausgebreitet haben. Überdies würde das Universum jene unendlich große Ausdehnung bis in fernste Zukunft nicht erreicht haben, wodurch immer klarer wird, dass (nicht nur jeder Bestandteil eines Raums, sondern) der Raum selbst gar nicht mit Überlichtgeschwindigkeit unterwegs sein kann.

Andererseits fragt man sich, wie sich die Bestandteile (wie Materie oder Strahlungsenergie) am Rand dieser (fiktiven) x-fachen Überlichtgeschwindigkeitsausbreitung des Raums verhalten, wenn sie die Lichtgeschwindigkeit gar nicht überschreiten können. Diese Bestandteile werden (anscheinend) regelrecht abgehängt, obwohl sie in Wahrheit von dieser unvorstellbar hohen Ausbreitungsgeschwindigkeit (des Raums) mitgerissen werden müssten. Und all das, obwohl diese Bestandteile (unmittelbar nach dem Urknall) höchstpersönlich den Rand dieses Urknalluniversums dargestellt haben.

Mal sehen, wie lange es diesmal dauert, bis all jene utopischen, phantasievollen und völlig unlogischen Hirngespinste über Bord geworfen werden.

Kolibri 360 GmbH
Ferdinand-Jühlke-Straße 7
99095 Erfurt, Deutschland
produktsicherheit@kolibri360.de